本書の特色と使い方

この本は，算数の文章問題と図形問題を集中的に学習できる画期的な問題集です。苦手な人も，さらに力をのばしたい人も，1日1単元ずつ学習すれば30日間でマスターできます。

① 例題と「ポイント」で単元の要点をつかむ

各単元のはじめには，空所をうめて解く例題と，そのために重要なことがら・公式を簡潔にまとめた「ポイント」をのせています。

② 反復トレーニングで確実に力をつける

数単元ごとに習熟度確認のための「まとめテスト」を設けています。解けない問題があれば，前の単元にもどって復習しましょう。

③ 自分のレベルに合った学習が可能な進級式

学年とは別の級別構成（12級〜1級）になっています。「中学入試模擬テスト」で実力を判定し，難しいと感じた人は前の級にもどって復習しましょう。

④ 巻末の「解答」で解き方をくわしく解説

問題を解き終わったら，巻末の「解答」で答え合わせをしましょう。「解き方」で，特に重要なことがらは「チェックポイント」に□□□分に理解しながら学習を進めることができます。

JN124509

文章題・図形 1級

本書に関する最新情報は，当社ホームページにある本書の「サポート情報」をご覧ください。（開設していない場合もございます。）

1日 売買の問題

➡ 解答は 65 ページ　　月　　日

ある店では，仕入れた品物に，20%の利益を見こんだ定価をつけて売っています。

⑴ 2000 円で仕入れた品物の定価はいくらですか。

この店の仕入れ値，利益，定価の関係を図で表すと，次のようになります。

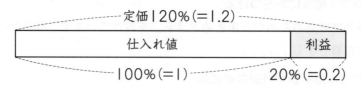

└原価ともいいます

この図から，仕入れ値を1とすると，利益は 0.2 の割合に，定価は 1.2 の割合にあたることがわかります。

したがって，仕入れ値を 1.2 倍すると定価になり，反対に，定価を 1.2 でわると仕入れ値になります。

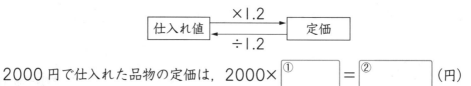

2000 円で仕入れた品物の定価は，2000×①[　　　]=②[　　　]（円）

⑵ 定価 3000 円で売っている品物の仕入れ値はいくらですか。

3000÷③[　　　]=④[　　　]（円）

ポイント 仕入れ値を 1 としたときの定価の割合を考えます。

---

1 ある店では，仕入れた品物に，30%の利益を見こんだ定価をつけて売っています。

⑴ 1200 円で仕入れた品物の定価はいくらですか。

[　　　　　]

⑵ 定価 3120 円で売っている品物の仕入れ値はいくらですか。

[　　　　　]

2 あるパン屋さんでは，原価の 4 割の利益を見こんで定価をつけています。

(1) 原価が 80 円のパンの定価はいくらですか。

(2) 定価 126 円で売っているパンの原価はいくらですか。

3 ある店では，80 円で仕入れた品物を 100 円で売っています。

(1) 利益は仕入れ値の何%を見こんでいますか。

(2) 他の品物も同じ割合の定価で売っているとすると，240 円で仕入れた品物の定価はいくらですか。

4 ある電気屋さんで，30000 円で仕入れたパソコンに，6 割の利益を見こんで定価をつけましたが，売れないので，大売り出しの日に，定価の 3 割引きで売りました。

(1) 定価はいくらですか。

(2) 実際の売り値はいくらですか。

(3) 利益はいくらですか。

2日 濃 度 の 問 題

濃度(のうど)が 8%の食塩水が 200g と，濃度が 15%の食塩水が 150g あります。

(1) 濃度が 8%の食塩水 200g の中には，何 g の食塩がふくまれていますか。

濃度が 8%の食塩水というのは，食塩水全体の重さの 8%が食塩である食塩水のことです。200g の 8%だから，200×[①　　　]＝[②　　　]（g）

└─8%を小数で表す

ポイント 食塩の重さ＝食塩水全体の重さ×濃度(小数)

(2) 2 つの食塩水を混ぜ合わせると，何%の食塩水ができますか。

同じように，濃度が 15%の食塩水 150g の中には，

150×[③　　　]＝[④　　　]（g）

の食塩がふくまれています。

2 つの食塩水を混ぜ合わせると，

食塩水全体の重さは，200＋150＝350（g）

食塩の重さは，[②　　]＋[④　　]＝[⑤　　　]（g）になるので，

濃度は，[⑤　　　]÷350＝[⑥　　　]より，[⑦　　]%

8% + 15% → □%
200g　150g　350g

ポイント 濃度＝食塩の重さ÷食塩水全体の重さ→%になおします。

1 濃度が 6%の食塩水が 300g と，濃度が 10%の食塩水が 100g あります。

(1) 濃度が 6%の食塩水 300g の中には，何 g の食塩がふくまれていますか。

(2) 2 つの食塩水を混ぜ合わせると，何%の食塩水ができますか。

2 濃度が 12%の食塩水が 300g あります。
(1) この食塩水の中には，何 g の食塩がふくまれていますか。

（解答欄）

(2) この食塩水に，水を 100g 加えてうすめました。食塩水の濃度は何%になりましたか。

水を加えても，食塩の
重さは変わらないよ。

（解答欄）

3 8%の食塩水 500g から水を 100g 蒸発させました。食塩水の濃度は何%になりましたか。

（解答欄）

4 200g の水に，50g の砂糖をとかして，砂糖水をつくりました。
(1) この砂糖水の濃度は何%ですか。

（解答欄）

(2) さらに 70g の砂糖をとかすと，砂糖水の濃度は何%になりますか。

（解答欄）

5 次の□にあてはまる数を求めなさい。
(1) 8%の食塩水□ g の中には，28g の食塩がとけています。

（解答欄）

(2) 10%の食塩水 360g に，水を□ g 加えると，9%の食塩水になります。

（解答欄）

3日 速 さ と 比 (1)

➡解答は 65 ページ　月　日

3日 速さと比 (1)

2700m はなれた A 地点と B 地点の間を，たいちさんとえみさんが 1 往復します。2 人は A 地点を同時に出発し，たいちさんは B 地点をおり返して 540m 進んだところでえみさんとすれちがいました。また，たいちさんが A 地点にもどってきた 30 分後に，えみさんが A 地点にもどってきました。

(1) たいちさんとえみさんの速さの比を求めなさい。

2 人がすれちがうまでの進行のようすは次の図のようになります。

このとき，たいちさんは，2700+540=3240(m)，
えみさんは，2700−540=2160(m) 進んでいます。

2 人の速さの比は，同じ時間に進んだ道のりの比に等しいから，

(たいちさんの速さ)：(えみさんの速さ)=3240：2160= [①]：[②]

ポイント　速さの比は，同じ時間に進んだ道のりの比に等しくなります。

(2) えみさんが 1 往復するのにかかった時間を求めなさい。

たいちさんが 1 往復したとき，たいちさんの進んだ道のりは，2700×2=5400(m)
速さの比が 3：2 なので，このとき，えみさんの進んだ道のりは，

5400× [③]/[④] = [⑤] (m)　←進んだ道のりの比も 3：2

ここから 30 分後にえみさんは A 地点にもどったので，えみさんが 30 分で進んだ道のりは，5400− [⑤] = [⑥] (m)

これより，えみさんの速さは，分速 [⑥] ÷30= [⑦] (m)

よって，往復にかかる時間は，

5400÷ [⑦] = [⑧] (分)　[⑧] 分 =1 時間 [⑨] 分

1 3600m はなれた A 地点と B 地点の間を，けんじさんとまいさんが 1 往復します。2 人は A 地点を同時に出発し，けんじさんが B 地点でおり返したとき，まいさんは B 地点まであと 1200m のところにいました。また，けんじさんは B 地点でおり返した 7 分 12 秒後に，まいさんとすれちがいました。

(1) けんじさんとまいさんの速さの比を求めなさい。

(2) けんじさんが 1 往復するのにかかった時間を求めなさい。

2 A さんと B さんが 200m 競走をしました。A さんは 25 秒で，B さんは 32 秒でゴールしました。

(1) A さんと B さんの速さの比を求めなさい。

(2) 2 人が同時にゴールするように，A さんのスタート位置を何 m か下げて競走することにします。スタート位置を何 m 下げればよいですか。

3 たかしさんは A 地点から B 地点に向かって分速 75m の速さで，あきこさんは B 地点から A 地点に向かって分速 60m の速さで，2 人同時に出発しました。2 人が出会った地点は，A，B 両地点のちょうどまん中より 250m はなれたところでした。

(1) たかしさんとあきこさんの速さの比を求めなさい。

250m を比で表すといくつになるか考えよう。

(2) A 地点と B 地点の間の道のりは何 m ですか。

4日 速さと比 (2)

家から学校まで歩いて行くのに，分速 70m の速さで行くと始業時刻に 3 分おくれ，分速 90m の速さで行くと始業時刻の 1 分前に着きます。

(1) 分速 70m の速さで行ったときにかかる時間と，分速 90m の速さで行ったときにかかる時間の比を求めなさい。

家から学校までの道のりを□ m とすると，

分速 70m の速さで行ったときにかかる時間は，$□÷70=\dfrac{□}{70}$

分速 90m の速さで行ったときにかかる時間は，$□÷90=\dfrac{□}{90}$

となるので，かかる時間の比は，$\dfrac{□}{70} : \dfrac{□}{90} = $ ①□ : ②□

ポイント 同じ道のりを行くのにかかる時間の比は，速さの逆数の比と等しくなります。

(2) 家から学校までに行くのにかかる時間の差を求めなさい。

「始業時刻に 3 分おくれた」と「始業時刻の 1 分前に着いた」ということから，かかる時間の差は，$3+1=$ ③□（分）

(3) 家から学校までの道のりは何 m ですか。

かかる時間の比と時間の差から，それぞれ何分かかるかがわかります。

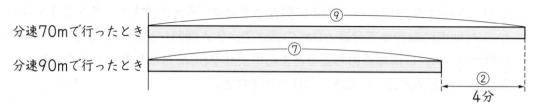

分速70mで行ったとき　⑨
分速90mで行ったとき　⑦
②
4分

図より，比の⑨−⑦＝②にあたる時間が 4 分とわかるので，①にあたる時間は 2 分です。したがって，分速 70m で行ったときにかかる時間は，2×9=18（分）
分速 90m で行ったときにかかる時間は，2×7=14（分）
とわかるので，家から学校までの道のりは，

$70×$ ④□ $=$ ⑤□ （m）　（または，$90×$ ⑥□ $=$ ⑤□ （m））

1 家から駅まで，分速 80m の速さで歩いて行くと電車の発車時刻に 3 分おくれますが，分速 200m の自転車で行くと，電車の発車時刻の 6 分前に着きます。

(1) 家から駅まで，歩いて行くときと自転車で行くときにかかる時間の比を求めなさい。

(2) 家から駅までの道のりは何 m ですか。

2 家から学校まで分速 75m の速さで歩いて行くと予定より 12 分おくれ，時速 15km の速さの自転車で行くと予定より 16 分早く着きます。

(1) 家から学校まで，歩いて行くときと自転車で行くときにかかる時間の比を求めなさい。

(2) 予定どおりの時刻に学校に着くには，時速何 km の速さで行けばよいですか。

3 山のふもとから山頂まで往復するのに，行きは時速 4km，帰りは時速 6km で歩いたところ，往復するのに 3 時間かかりました。

(1) 行きにかかった時間は何時間何分ですか。

(2) 山のふもとから山頂までの片道の道のりは何 km ですか。

① 次の □ にあてはまる数を答えなさい。(8点×2−16点)

(1) 仕入れ値が □ 円の品物に，2割の利益を見こんで定価をつけると 540 円になります。

(2) 仕入れ値が 800 円の品物に □ ％の利益を見こんで定価をつけると 1080 円になります。

② 次の □ にあてはまる数を答えなさい。(8点×2−16点)

(1) 100g の水に 25g の食塩をとかすと，濃度が □ ％の食塩水ができます。

(2) 8％の食塩水 □ g の中には，20g の食塩がふくまれています。

③ 湖のまわりのサイクリングコースを自転車で 1 周するのに，A さんは 36 分，B さんは 45 分かかります。(8点×2−16点)

(1) A さんと B さんの速さの比を求めなさい。

(2) 2 人がサイクリングコースの同じ地点から，同時に反対向きに出発すると，何分後にはじめて出会いますか。

④ ある店で，1500円で仕入れた洋服に4割の利益を見こんで定価をつけましたが，売れなかったので，定価の2割引きで売りました。利益はいくらですか。(9点)

⑤ ビーカー A には濃度が12%の食塩水が300g，ビーカー B には濃度が17%の食塩水が200g，ビーカー C には水が100g 入っています。(8点×2-16点)
(1) ビーカー A とビーカー B を混ぜ合わせると，濃度が何%の食塩水になりますか。

(2) ビーカー A とビーカー C を混ぜ合わせると，濃度が何%の食塩水になりますか。

⑥ 太郎さんと花子さんは2人の家のちょうどまん中にあるポストの前で待ち合わせをしました。2人はそれぞれ分速80m，分速60mの速さで同時に家を出たところ，太郎さんはポストの前で2分間花子さんが来るのを待ちました。(9点×3-27点)
(1) 2人が出発してから太郎さんが待ち合わせの場所に着くまでに，2人が進んだ道のりの比を求めなさい。

(2) 太郎さんが待ち合わせの場所に着いたとき，花子さんは待ち合わせの場所まであと何mのところにいましたか。

(3) 太郎さんの家と花子さんの家の間の道のりは何mですか。

6日 図形と比（1）

右の図において，BD：DC＝1：2，AE：EC＝3：2 です。
三角形 ABC の面積が 45cm² のとき，次の問いに答えな
さい。

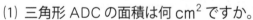

(1) 三角形 ADC の面積は何 cm² ですか。

三角形 ABD と三角形 ADC は高さの等しい三
角形だから，底辺の比が面積の比になります。
したがって，

三角形 ABD：三角形 ADC＝BD：DC

＝ ①□ ： ②□ だから，

三角形 ADC：三角形 ABC＝ ③□ ： ④□

三角形 ABC の面積は 45cm² だから，

三角形 ADC の面積は，$45 \times \dfrac{③□}{④□} = $ ⑤□ （cm²）

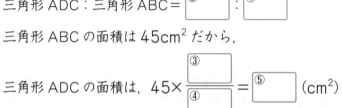

(2) 三角形 ADE の面積は何 cm² ですか。

(1)と同じように，三角形 ADE と三角形 CDE は高さ
の等しい三角形だから，底辺の比が面積の比になり
ます。したがって，

三角形 ADE：三角形 CDE＝AE：EC

＝ ⑥□ ： ⑦□ だから，

三角形 ADE：三角形 ADC＝3：5

三角形 ADC の面積は ⑤□ cm² だから，

三角形 ADE の面積は，⑤□ $\times \dfrac{3}{5} = $ ⑧□ （cm²）

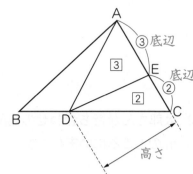

ポイント 高さの等しい三角形の面積の比は，底辺の比に等しくなります。

1 右の図において，BD：DC=5：4，AE：EC=2：1 です。三角形 ABC の面積が 54cm² のとき，三角形 ADE の面積は何 cm² ですか。

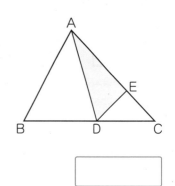

2 右の図のような直角三角形 ABC について，次の問いに答えなさい。

(1) 三角形 ADC の面積は何 cm² ですか。

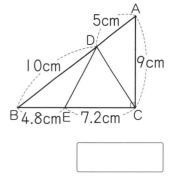

(2) 三角形 BED の面積は何 cm² ですか。

3 右の図において，AE：ED=1：1，BF：FE=1：1，CD：DF=2：1 です。三角形 DEF の面積が 2cm² のとき，次の問いに答えなさい。

(1) 三角形 BCF の面積は何 cm² ですか。

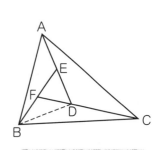

AとF，CとEも結んでみよう。

(2) 三角形 ABC の面積は何 cm² ですか。

7日 図形と比 (2)

右の図で，四角形 ABCD は 1 辺の長さが 12cm の正方形で，BE=4cm です。また，AE と BD の交点を F とします。

(1) BF：FD をもっとも簡単な整数の比で求めなさい。

三角形 AFD と三角形 EFB に着目します。AD と BE は平行だから，右の図のように 3 組の角がすべて等しくなります。したがって，三角形 AFD は三角形 EFB を拡大した形であることがわかります。
（三角形 AFD と三角形 EFB は相似であるといいます。）

すると，BF：FD は BE：DA と等しいので，

BF：FD=BE：DA= ① ⬚ cm ： ② ⬚ cm= ③ ⬚ ： ④ ⬚

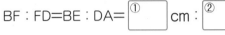

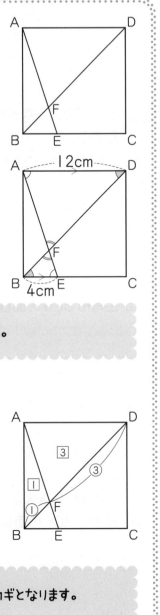

> **ポイント** 相似な三角形では，辺の比はすべて等しくなっています。

(2) 三角形 AFD の面積は何 cm² ですか。

三角形 ABF と三角形 AFD は高さの等しい三角形だから，面積の比は底辺の比に等しくなります。

BF：FD=1：3 より，三角形 ABF：三角形 AFD=1：3

三角形 ABD の面積は ⑤ ⬚ cm² だから，

三角形 AFD の面積は， ⑤ ⬚ ×$\frac{3}{4}$= ⑥ ⬚ （cm²）

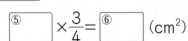
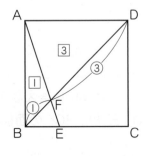

> **ポイント** 平行線の現れる図形では，相似な三角形の発見がカギとなります。

1 右の図で，四角形 ABCD は 1 辺の長さが 20cm の正方形で，BE=12cm です。また，AE と BD の交点を F とします。このとき，三角形 ABF の面積は何 cm² ですか。

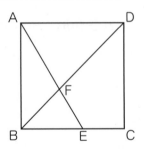

2 右の図のような長方形 ABCD について，次の問いに答えなさい。

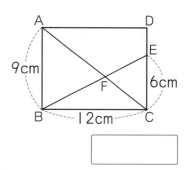

(1) 三角形 CEF の面積は何 cm^2 ですか。

[   ]

(2) 四角形 AFED の面積は何 cm^2 ですか。

[   ]

3 右の図の四角形 ABCD は平行四辺形で，AE：ED＝3：1 です。

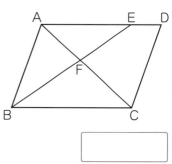

(1) AF：FC をもっとも簡単な整数の比で求めなさい。

[   ]

(2) 三角形 ABF の面積は，平行四辺形 ABCD の面積の何分のいくつですか。分数で答えなさい。

[   ]

4 右の図の四角形 ABCD は1辺の長さが 6cm の正方形で，E は辺 BC のまん中の点，F は AE と BD の交点，G は AC と BD の交点です。

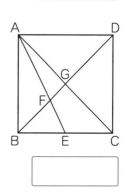

(1) BF：FG：GD をもっとも簡単な整数の比で求めなさい。

[   ]

(2) 三角形 AFG の面積は何 cm^2 ですか。

[   ]

図形の移動（1）

右の図は，AB=6cm を直径とする半円を，B を中心と
して時計回りに 30°回転させたところを表しています。
色のついた部分の面積は何 cm² ですか。

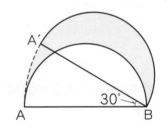

色のついた部分の面積は，直接，面積の公式を使って求めることはできません。このよ
うなときは，面積を求めることのできる図形を加えたり，ひいたりしてくふうして求め
ます。

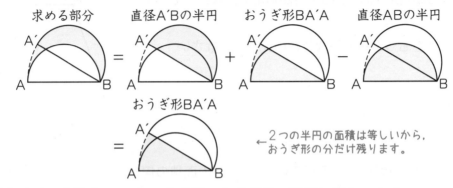

←2つの半円の面積は等しいから，
おうぎ形の分だけ残ります。

求める部分は，半径6cm，中心角30°のおうぎ形の面積と等しいので，

$6×6×3.14÷$ ①□ $=$ ②□ (cm^2)

ポイント 面積の求めることができる図形を組み合わせます。

---

1 右の図は，AB=4cm，BC=3cm，対角線 AC の長さが
5cm の長方形 ABCD を，B を中心として反時計回りに
90°回転させたところを表しています。このとき，辺 CD
が通過した部分（色のついた部分）の面積は何 cm² です
か。

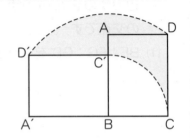

□

2 右の図は，対角線の長さが 8cm の正方形 ABCD を，A を中心として反時計回りに 45°回転させたところを表しています。色のついた部分の面積は何 cm² ですか。

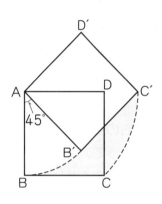

3 右の図は，半径 3cm，中心角 60°のおうぎ形 OAB を，B を中心として反時計回りに 60°回転させたところを表しています。

(1) 色のついた部分のまわりの長さは何 cm ですか。

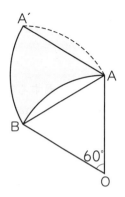

(2) 色のついた部分の面積は何 cm² ですか。

4 下の図は，AB=6cm，BC=8cm，対角線の長さが 10cm の長方形 ABCD を，直線 ℓ の上をア→イ→ウ→エ→オの順に転がしたところを表しています。

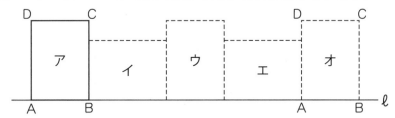

(1) このとき，点 A が動いたあとの曲線の長さは何 cm ですか。

点 A はおうぎ形の曲線部分をえがくよ。

(2) (1)の曲線と直線 ℓ で囲まれた部分の面積は何 cm² ですか。

9日 図形の移動 (2)

→解答は70ページ 月　日

右の図のように，半径1cmの円が，折れ線ABCにそってアの位置からイの位置まで移動するとき，円が通過する部分の面積は何cm²ですか。

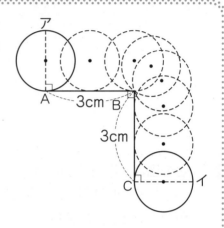

円が通過する部分は，右の図のように，
・合わせて円になる半円2つ
・長方形が2つ
・中心角90°のおうぎ形1つ
の3種類の部分に分かれます。
よって，その面積は，

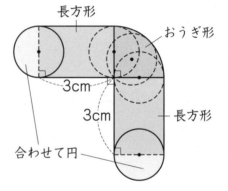

$1×1×3.14+(①\boxed{}×②\boxed{})×2+③\boxed{}$

$×③\boxed{}×3.14÷④\boxed{}$

$=3.14+⑤\boxed{}+⑥\boxed{}=⑦\boxed{}$（cm²）

ポイント 円が通過する部分を正しく作図することが大切です。

1 右の図のように，半径1cmの円が，折れ線ABCにそってアの位置からイの位置まで移動するとき，円が通過する部分の面積は何cm²ですか。

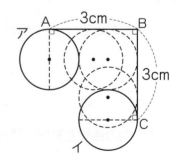

2 右の図のように，縦 10cm，横 15cm の長方形の外側を，半径 2cm の円が辺にそって 1 周するとき，円が通過する部分の面積は何 cm² ですか。

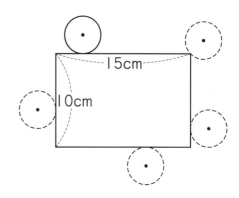

3 右の図のように，半径 4cm，中心角 90°のおうぎ形の外側を，半径 1cm の円が辺にそって 1 周するとき，円が通過する部分の面積は何 cm² ですか。

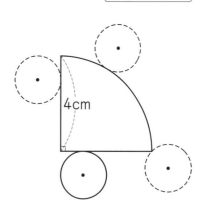

4 右の図は，AB=6cm，BC=5cm，AC=4cm である三角形 ABC の外側を，半径 1cm の円が辺にそって 1 周するところを表しています。

(1) 円の中心が動いた長さは何 cm ですか。

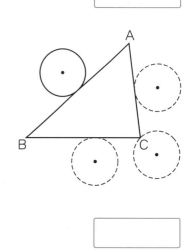

(2) 円が通過する部分の面積は何 cm² ですか。

10日 まとめテスト (2)

① 右の図のような直角三角形 ABC があります。D は辺 AB のまん中の点です。(9点×2−18点)

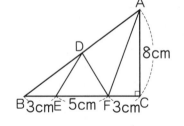

(1) 三角形 ADF の面積は何 cm² ですか。

(2) 三角形 DEF の面積は何 cm² ですか。

② 右の図の正方形 ABCD は 1 辺の長さが 10cm で，BE の長さは 6cm です。(9点×2−18点)

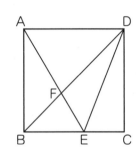

(1) BF：FD をもっとも簡単な整数の比で求めなさい。

(2) 三角形 DFE の面積は何 cm² ですか。

③ 右の図で，四角形 ABCD は台形，四角形 ABED は平行四辺形で，㋐の面積は 16cm²，㋑の面積は 40cm² です。(9点×2−18点)

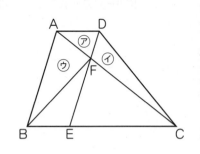

(1) AF：FC をもっとも簡単な整数の比で求めなさい。

(2) ㋒の面積は何 cm² ですか。

④ 右の図は，AC=6cm，BC=15cm の直角三角形 ABC を，C を中心として時計回りに 120°回転させたところを表しています。色のついた部分の面積は何 cm² ですか。(14点)

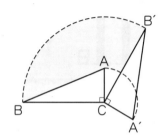

⑤ 下の図は，1 辺の長さが 6cm の正三角形 ABC を，直線 ℓ の上をすべらないように転がして 1 回転させたところを表しています。

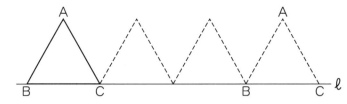

このとき，頂点 B が動いたあとの曲線と，直線 ℓ とで囲まれる部分の面積は何 cm² ですか。ただし，正三角形の高さは 5.2cm として計算しなさい。(14点)

⑥ 右の図は，縦 10cm，横 14cm の長方形の内側を，半径 2cm の円が辺にそって転がりながら 1 周するところを表しています。(9点×2−18点)

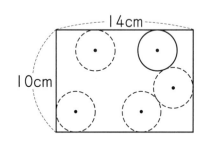

(1) 円の中心が動いた長さは何 cm ですか。

(2) 円が通らない部分の面積は何 cm² ですか。

11日 体積と表面積（1）

右の図は，直方体を 3 個組み合わせた立体です。

(1) この立体の体積は何 cm^3 ですか。

下の図のように，直方体 3 個（⑦, ⑦, ⑦）
に分けて計算します。

直方体⑦の体積は，$8 \times 10 \times 4 = 320$（cm^3）

直方体⑦の体積は，$8 \times 3 \times 4 = 96$（cm^3）

直方体⑦の体積は，$6 \times 2 \times 3 = 36$（cm^3）

よって，この立体の体積は，$320 + 96 + 36 = $ ① ☐ （cm^3）

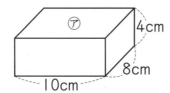 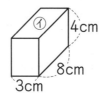

(2) この立体の表面積は何 cm^2 ですか。

表面積とは，立体のすべての面の面積の和のことです。

直方体⑦の表面積は，$(4 \times 8 + 8 \times 10 + 4 \times 10) \times 2 = 304$（cm^2）

直方体⑦の表面積は，$(4 \times 8 + 8 \times 3 + 4 \times 3) \times 2 = $ ② ☐ （cm^2）

直方体⑦の表面積は，$(3 \times 6 + 6 \times 2 + 3 \times 2) \times 2 = $ ③ ☐ （cm^2）

これらをたすと，$304 + $ ② ☐ $+$ ③ ☐ $=$ ④ ☐ （cm^2）

ただし，⑦, ⑦, ⑦の直方体を組み合わせた
とき，2 つの直方体が重なる部分（右の図の
色のついた部分）がかくれてしまうので，そ
の分，表面積は小さくなります。重なる部分
の面積は，$(12 + 24) \times 2 = 72$（cm^2）なので，
立体の表面積は，

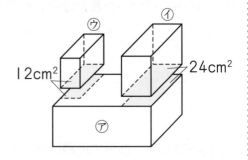

④ ☐ $-72 = $ ⑤ ☐ （cm^2）

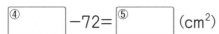

ポイント 分けた立体の表面積を求めてから，重なる部分の面積をひきます。

1 縦 12cm, 横 10cm, 厚さ 2cm の直方体の板を 4 枚使っ
て, 右の図のような立体をつくりました。

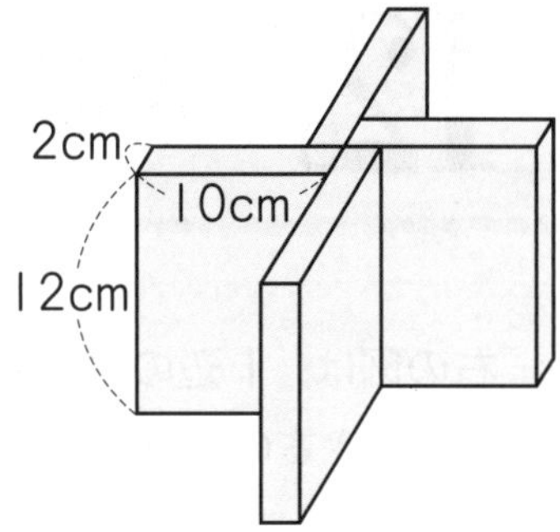

(1) この立体の体積は何 cm³ ですか。

(2) この立体の表面積は何 cm² ですか。

2 右の図は, 1 辺が 2cm の立方体をすきまなく積み重ねてで
きた立体です。

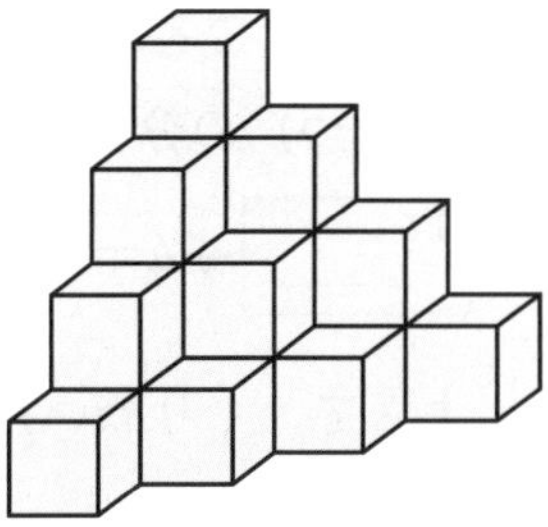

(1) この立体の体積は何 cm³ ですか。

(2) この立体の表面積は何 cm² ですか。

上下左右前後から見たと
きの面の形を考えよう。

3 右の図は, 1 辺が 6cm の立方体のかどから, 1 辺が 2cm
の立方体を 8 つ切り取った立体です。

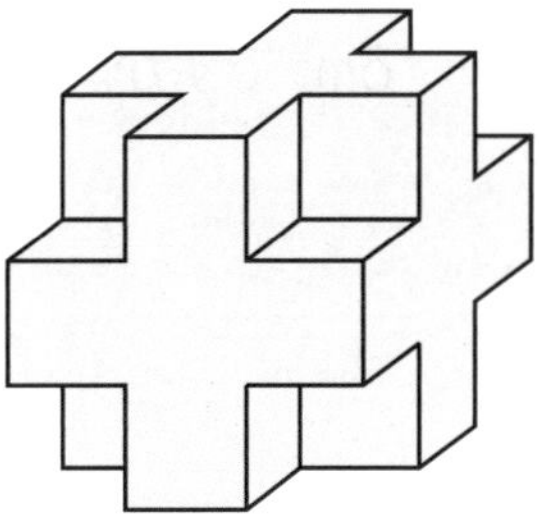

(1) この立体の体積は何 cm³ ですか。

(2) この立体の表面積は何 cm² ですか。

12日 体積と表面積 (2)

右の図は，1辺の長さが12cmの立方体の1つの面から，ある大きさの立方体をくりぬいた立体です。この立体の表面積が964cm² のとき，この立体の体積は何cm³ ですか。

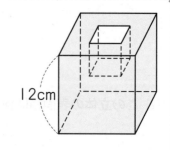

12cm

1辺の長さが12cmの立方体の表面積は，

$12 \times 12 \times$ ①□ = ②□ (cm²)

このことから，立方体をくりぬいたことによって，表面積が ③□ cm² だけ増加したということがわかります。この増加した分は，くりぬいた立方体の側面（正方形の面が4つ）の分だから，くりぬいた立方体の1つの面の面積は，

③□ ÷4 = ④□ (cm²)

よって，くりぬいた立方体の1辺の長さは ⑤□ cm です。

したがって，この立体の体積は，

$12 \times 12 \times 12 -$ ⑤□ $\times$ ⑤□ $\times$ ⑤□ = ⑥□ (cm³)

ポイント もとの立体からの表面積の増減を考えます。

1 右の図は，1辺の長さが8cmの立方体の1つの面の上に，ある大きさの立方体を重ねた立体です。

(1) この立体の体積が576cm³ のとき，この立体の表面積は何cm² ですか。

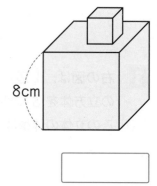

8cm

□

(2) この立体の表面積が420cm² のとき，この立体の体積は何cm³ ですか。

□

2 下の図 1 は，1 辺の長さが 1cm の立方体を 27 個積み上げてつくった 1 辺の長さが 3cm の立方体です。図 2 は，図 1 の上の面の中央から下の面の中央まで，1 辺が 1cm の立方体を 3 個くりぬいた立体，図 3 は図 2 からさらに，右の面の中央から左 の面の中央まで，1 辺が 1cm の立方体を 3 個くりぬいた立体です。

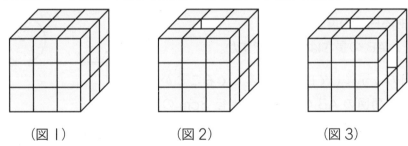

(図 1)　　　　　(図 2)　　　　　(図 3)

(1) 図 2 の立体の表面積は何 cm² ですか。

(2) 図 3 の立体の表面積は何 cm² ですか。

3 右の図のような直方体があります。この直方体を⑦の面と平行 な面で切って 2 つの直方体に分けると，2 つの直方体の表面 積の和は，もとの直方体の表面積よりも 192cm² 増えます。 同じように，⑦の面と平行な面で切ったときは 168cm² 増え， ⑨の面と平行な面で切ったときは 112cm² 増えます。

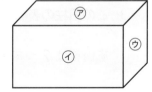

(1) この直方体の体積は何 cm³ ですか。

192cm² は⑦の面積 の何倍かな？

(2) この直方体を⑨の面と平行な面で何回か切って 5 つの直方体に分けるとき，5 つの直 方体の表面積の和は何 cm² になりますか。

13日 体積と表面積（3）

右の図は，ある円柱の展開図です。

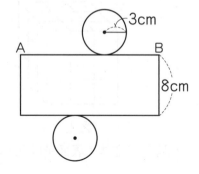

(1) 展開図で，AB の長さは何 cm ですか。

　右下の図のようにして円柱を組み立てることから考えると，展開図の AB の長さは，半径 3cm の円の円周と等しくなることがわかります。

　よって，AB=① [　　　] ×3.14=② [　　　] (cm)

 側面になる長方形の横の長さは，底面の円周に等しくなります。

(2) この円柱の体積を求めなさい。

　円柱の体積＝底面積×高さ=③ [　　　] ×③ [　　　] ×3.14×8

　=④ [　　　] ×3.14=⑤ [　　　] (cm³)

　└3.14 はまとめて計算しよう

(3) この円柱の表面積を求めなさい。

　底面積は 2 つで，③ [　　　] ×③ [　　　] ×3.14×2=⑥ [　　　] (cm²)

　側面積は，8×② [　　　] =⑦ [　　　] (cm²)

　したがって，表面積は，⑥ [　　　] +⑦ [　　　] =⑧ [　　　] (cm²)

---

1 右の図は，高さが 9cm，体積が 706.5cm³ の円柱の展開図です。

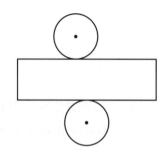

(1) 底面の円の半径は何 cm ですか。

[　　　　　　　]

(2) 表面積は何 cm² ですか。

[　　　　　　　]

2 右の図は，円柱をななめに切ってできた立体です。この立体の体積は何 cm³ ですか。

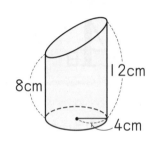

8cm
12cm
4cm

3 右の図は，底面の半径が 4cm，高さ 3cm の円柱に，底面の半径が 2cm，高さ 3cm の円柱を重ねた立体です。

(1) この立体の体積は何 cm³ ですか。

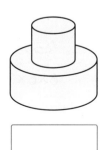

(2) この立体の表面積は何 cm² ですか。

4 右の図１の立体は，底面の半径が 2cm，高さが 2cm の円柱を 4 等分した立体です。また，図２の立体は，図１の立体を 6 個組み合わせたものです。

(1) 図１の立体の表面積は何 cm² ですか。

（図１）

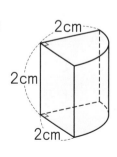

2cm
2cm
2cm

(2) 図２の立体の体積は何 cm³ ですか。

（図２）

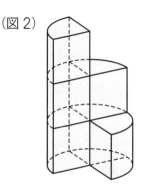

(3) 図２の立体の表面積は何 cm² ですか。

14日 体積と表面積（4）

底面の半径が 6cm，高さが 8cm，母線の長さが 10cm の円すいがあります。

(1) この円すいの体積は何 cm³ ですか。

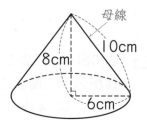

右の図のような立体を「円すい」といいます。

円すいの体積は，同じ底面と同じ高さの円柱の体積の $\frac{1}{3}$ に

なるから，

6×6×3.14× ①□ ÷ ②□ = ③□ （cm³）

> **ポイント** 円すいの体積＝半径×半径×3.14×高さ÷3 $\left(円柱の \frac{1}{3}\right)$

(2) この円すいの表面積は何 cm² ですか。

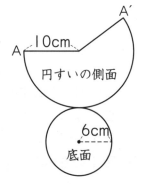

円すいの側面は展開すると，右の図のようなおうぎ形になります。A から A' までの曲線の長さは，底面の円周の長さに等しいから， ④□ ×2×3.14（cm）

これと，母線を半径とする円周の長さとの割合を比で表すと，（④□ ×2×3.14）：（10×2×3.14）＝ ④□ ：10

したがって，おうぎ形の面積は，

$$10×10×3.14× \frac{④□}{10} ＝10× ④□ ×3.14 （cm^2）$$

母線↗　　↑底面の半径

このように，円すいの側面積は，「母線×底面の半径×3.14」で求めることができます。よって，表面積は，

6×6×3.14+10× ④□ ×3.14＝（36+ ⑤□ ）×3.14

＝ ⑥□ （cm²）

> **ポイント** 円すいの側面積＝母線×底面の半径×3.14

1 底面の半径が 3cm，高さが 4cm，母線の長さが 5cm の円すいがあります。

(1) この円すいの体積は何 cm^3 ですか。

(2) この円すいの表面積は何 cm^2 ですか。

2 右の図のような台形を，直線 ℓ のまわりに 1 回転させてできる立体について，次の問いに答えなさい。

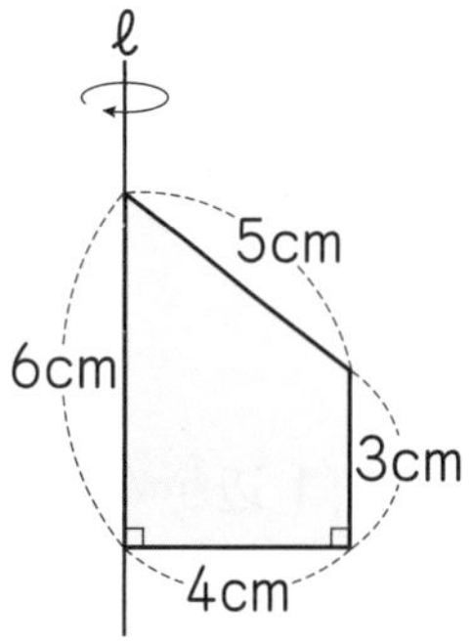

(1) この立体の体積は何 cm^3 ですか。

(2) この立体の表面積は何 cm^2 ですか。

3 右の図のような台形を，直線 ℓ のまわりに 1 回転させてできる立体について，次の問いに答えなさい。

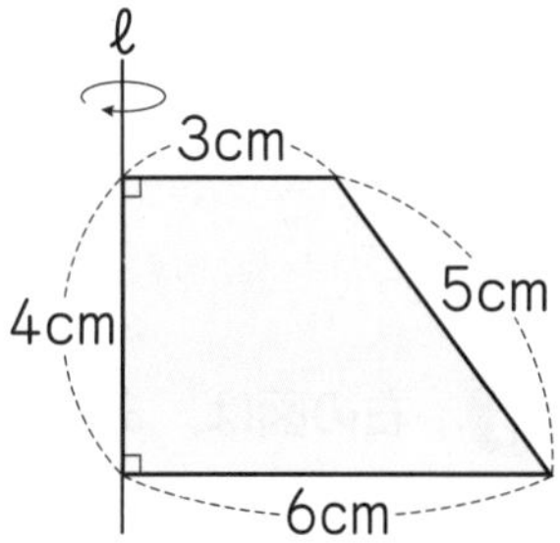

(1) この立体の体積は何 cm^3 ですか。

(2) この立体の表面積は何 cm^2 ですか。

15日 まとめテスト (3)

時間 **30分** 【はやい25分・おそい35分】 得点

合格 **80点** 点

① 右の立体は，2つの直方体を組み合わせた形をした階段状の立体です。(10点×2−20点)

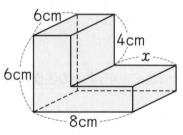

(1) この立体の表面積が 216cm² のとき，この立体の体積は何 cm³ ですか。

(2) この立体の体積が 156cm³ のとき，x の長さは何 cm ですか。

② 1辺が 4cm の立方体をすきまなく積み重ねて，右の図のような立体をつくりました。(10点×2−20点)

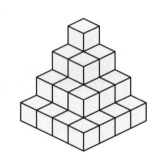

(1) この立体の体積は何 cm³ ですか。

(2) この立体の表面積は何 cm² ですか。

③ 右の図は，ある立体を真正面から見た図と真上から見た図を表しています。この立体の体積は何 cm³ ですか。(10点)

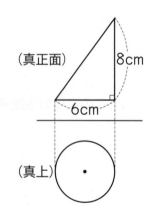

（真正面）8cm

6cm

（真上）

4 右の図のように，立方体を1つの面と平行
な面で切り，2つの直方体 A，B に分けま
した。(10点×2−20点)

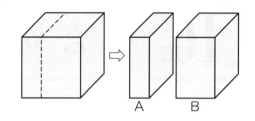

(1) A と B の体積の比が 1：2 のとき，A と B
の表面積の比をもっとも簡単な整数の比で求
めなさい。

(2) A と B の表面積の比が 1：2 のとき，A と B の体積の比をもっとも簡単な整数の比で
求めなさい。

5 1辺の長さが 3cm の立方体があります。この立方体の向かい
合った面から面まで，1辺の長さが 1cm の正方形のあなを面
の中央にあけ，右の図のような立体をつくりました。この立体
の表面積は何 cm² ですか。(10点)

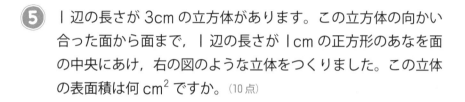

6 右の図のような，長方形から直角二等辺三角形を切り取った形をし
た図形を，直線 ℓ のまわりに1回転させてできる立体について，
次の問いに答えなさい。(10点×2−20点)

(1) BC の長さは何 cm ですか。

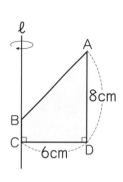

(2) この立体の体積は何 cm³ ですか。

16日 場 合 の 数 (1)

右の図のように，A，B，C，D で区切られた 4 つの部分に色を
ぬるとき，次の問いに答えなさい。ただし，辺でとなり合う部分
には異なる色をぬることにします。

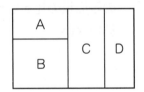

(1) 赤，青，黄の 3 色を使ってぬり分ける方法は何通りあります
か。

A，B，C の部分はたがいにとなり合っているので，異なる色を
ぬる必要があります。よって，A，B，C の色の組み合わせは，
右の樹形図より，6 通りです。

そのそれぞれについて，D には C と異なる色をぬるのだから，

①[　　　] 通りずつのぬり方があります。

したがって，ぬり方は全部で，6×①[　　　]=②[　　　]（通り）

```
        A      B    C
            青 ── 黄
     赤 <
            黄 ── 青
            赤 ── 黄
     青 <
            黄 ── 赤
            赤 ── 青
     黄 <
            青 ── 赤
```

ポイント A の起こり方が○通りあり，そのそれぞれについて B の起こり方が△通り
あるとき，A が起こって B が起こる起こり方は，○×△通り

(2) 赤，青，黄，緑の 4 色を使ってぬり分ける方法は何通りありますか。ただし，使わ
ない色があってもよいことにします。

4 色全部を使ってぬるぬり方は，A にぬる色が 4 通り，B にぬる色が 3 通り，C
にぬる色が 2 通り，D にぬる色が 1 通りと考えて，4×3×2×1=24（通り）

4 色のうち 3 色を使ってぬるぬり方は，まず，4 色からぬるのに使う 3 色を選ぶ選
び方が③[　　　] 通りあり，そのそれぞれについて，色のぬり方は(1)で求めた②[　　　]

通りあるので，

③[　　　]×②[　　　]=④[　　　]（通り）

したがって，ぬり方は全部で，24+④[　　　]=⑤[　　　]（通り）

（2 色以下ではぬり分けることができないので，これですべてです。）

ポイント いろいろな可能性を考えて，もれなく，重複なく数えます。

1 右の図のように，A，B，C，D，E で区切られた 5 つの部分を，赤，青，黄，緑の 4 色全部を使ってぬり分ける方法は何通りありますか。ただし，辺でとなり合う部分には異なる色をぬることにします。

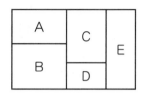

2 右の図のように，A，B，C，D，E で区切られた 5 つの部分を，赤，青，黄の 3 色を使ってぬり分ける方法は何通りありますか。ただし，辺でとなり合う部分には異なる色をぬることにします。

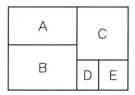

3 10 円玉，50 円玉，100 円玉がそれぞれたくさんあります。これらの硬貨を組み合わせて，ちょうど 420 円支払う方法が何通りあるかを，表を使って求めなさい。ただし，どの硬貨も最低 1 枚は使うものとします。

100円	3																		
50円	2																		
10円	2																		

※表の空らんは多めにつくってあります。

4 7 個のボールを，A，B，C の箱に分けて入れます。どの箱にも最低 1 個はボールを入れるものとすると，ボールの入れ方は何通りありますか。ただし，ボールどうしは区別しないものとします。

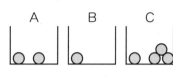

➡解答は76ページ

月　　日

0, 1, 2, 3, 4 の 5 枚のカードの中から 3 枚を使って，3 けたの整数をつくります。

(1) 全部で何通りの整数ができますか。

百の位→十の位→一の位の順に，カードを選ぶことにします。

百の位……1，2，3，4 の 4 通り（0 は使えない）

十の位……百の位に使ったカード以外の 4 通り

一の位……百の位と十の位に使ったカード以外の 3 通り

百の位	十の位	一の位
4通り	4通り	3通り

よって，$\boxed{①} \times \boxed{②} \times \boxed{③} = \boxed{④}$（通り）

(2) 偶数は何通りできますか。

偶数よりも奇数の方が数えやすいので，まず，奇数を数えます。

奇数をつくるには，一の位のカードが 1 または 3 でないといけないので，一の位→百の位→十の位の順に，カードを選ぶことにします。

百の位	十の位	一の位
3通り	3通り	2通り

一の位……1 または 3 の 2 通り

百の位……一の位に使ったカードと 0 以外の 3 通り

十の位……一の位と百の位に使ったカード以外の 3 通り

よって，奇数は 2×3×3＝18（通り）できます。

したがって偶数は，$\boxed{④}$ －18＝$\boxed{⑤}$（通り）

ポイント 数えやすい方を数えて，全体の場合の数からひきます。

1　0, 1, 3, 5 の 4 枚のカードの中から 3 枚を使って，3 けたの整数をつくるとき，5 の倍数は何通りできますか。

2 ①, ①, ②, ③, ③ の 5 枚のカードの中から 3 枚を使って，3 けたの整数をつくるとき，全部で何通りの整数ができますか。

できる 3 けたの整数を小さい順に考えよう。

3 ①, ②, ③, ④, ⑤, ⑥, ⑦, ⑧, ⑨ の 9 枚のカードの中から 2 枚を使って，2 けたの整数をつくります。

(1) 全部で何通りの整数ができますか。

(2) 十の位の数と一の位の数の積が 3 の倍数になるような 2 けたの整数は何通りできますか。

4 ⓪, ①, ②, ③, ④ の 5 枚のカードの中から 3 枚を使って，3 けたの整数をつくるとき，百の位に使ったカードの数がもっとも大きく，一の位に使ったカードの数がもっとも小さいような整数は何通りできますか。

5 0, 1, 2, 3, 4, 5, 6 の 7 個の数から異なる 3 個を選び出して並べ，3 けたの整数をつくるとき，450 より大きい整数は何個できますか。

18日 場合の数 (3)

右の図は，縦，横 1cm の間かくをあけて 16 個の点を並べた
ものです。この 16 個の点のうち 4 個の点を頂点とする正方
形は，全部で何個ありますか。ただし，大きさが同じでも頂点
が異なる正方形は別のものとして数えます。

正方形の大きさで分類して数えます。

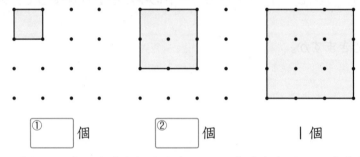

① [　　] 個　　② [　　] 個　　　　1 個

このほかに，次のような辺がななめの正方形もあるので注意します。

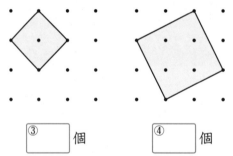

③ [　　] 個　　　　④ [　　] 個

これらを合わせて，正方形は全部で ⑤ [　　] 個あります。

ポイント 思いついた順に数えるのではなく，分類してから数えます。

---

1 右の図は，縦，横 1cm の間かくをあけて 6 個の点を並べたもので
す。この 6 個の点のうち 3 個の点を頂点とする三角形は，全部で
何個ありますか。ただし，大きさが同じでも頂点が異なる三角形は
別のものとして数えます。

[　　]

2 右の図は，縦，横 1cm の間かくをあけて 25 個の点を並べ
たものです。この 25 個の点のうち 4 個の点を頂点とする
正方形は，全部で何個ありますか。ただし，大きさが同じで
も頂点が異なる正方形は別のものとして数えます。

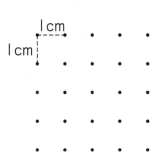

3 右の図のように，円周上に等しい間かくで A 〜 H の 8 個
の点があります。この中から 3 個の点を結んで三角形を
つくるとき，次の問いに答えなさい。

(1) 頂点に A をふくむ三角形は何個できますか。

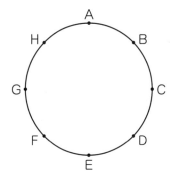

(2) 二等辺三角形は何個できますか。

4 1 辺の長さが 2cm である正方形 ABCD において，それぞれ
の辺のまん中の点を右の図のように E，F，G，H とします。
A 〜 H の 8 個の点のうちの 3 個の点を頂点とする三角形をつ
くるとき，次の問いに答えなさい。

(1) 面積が 1cm^2 である三角形は何個できますか。

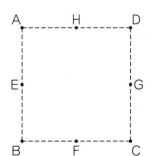

(2) 面積が 0.5cm^2 である三角形は何個できますか。

19日 場合の数 (4)

階段を上るのに，１段ずつ，または
２段ずつ上ることにします。
この上り方で３段の階段をちょう
ど上る上り方は，右のように３通
りあります。

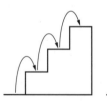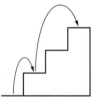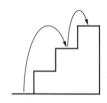

⑴ ４段の階段をちょうど上る上り方は何通りありますか。

次のように，①[　　] 通りの上り方があります。

⑵ ８段の階段をちょうど上る上り方は何通りありますか。

５段の階段をちょうど上る上り方を考えます。

・最初に１段上った場合，残りの４段をちょうど上ればよいので，その上り方は⑴

　の答えより①[　　] 通りあります。

・最初に２段上った場合，残りの３段をちょうど上ればよいので，その上り方は
　３通りです。

よって，５段の階段をちょうど上る上り方は，①[　　]+3=②[　　] (通り)

このようにして考えていくと，

６段の上り方は，①[　　]＋②[　　]＝③[　　] (通り)
　　　最初に２段上った場合┘　　　　└最初に１段上った場合

７段の上り方は，②[　　]＋③[　　]＝④[　　] (通り)
　　　最初に２段上った場合┘　　　　└最初に１段上った場合

８段の上り方は，③[　　]＋④[　　]＝⑤[　　] (通り)
　　　最初に２段上った場合┘　　　　└最初に１段上った場合

ポイント 前の結果との関係を見つけて求めます。

38

1 縦 2m，横 3m の長方形の部屋に，縦 2m，横 1m の長方形のたたみをしきつめます。たたみの向きは縦でも横でもかまいません。このとき，次のように 3 通りのしきつめ方があります。

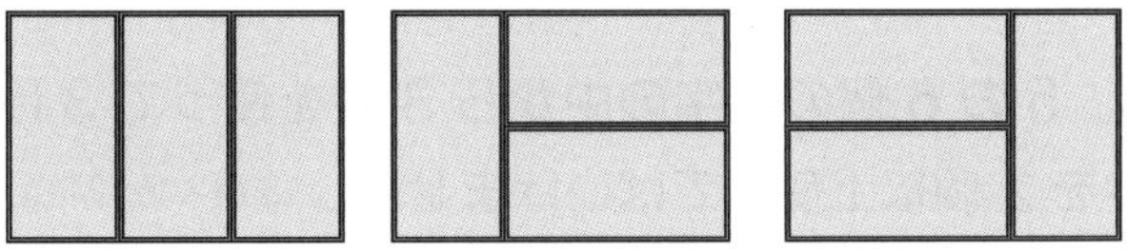

(1) 縦 2m，横 4m の長方形の部屋にこのたたみをしきつめる方法は何通りありますか。

[　　　　]

(2) 縦 2m，横 10m の長方形の部屋にこのたたみをしきつめる方法は何通りありますか。

[　　　　]

2 右の図のような正方形の 4 つのマス目を，それぞれ黒色または白色でぬりつぶします。ただし，黒色のマス目が 2 個以上連続しないようにします。

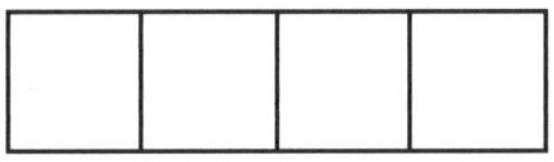

(1) ぬりつぶし方は何通りありますか。

[　　　　]

(2) 正方形のマス目を 7 つにして同じようにぬりつぶすとき，ぬりつぶし方は何通りありますか。

[　　　　]

3 長方形の中に 3 本の直線をかくと，右の図のように，長方形は最大で 7 個の部分に分けることができます。長方形の中に 10 本の直線をかくと，長方形は最大でいくつの部分に分けることができますか。

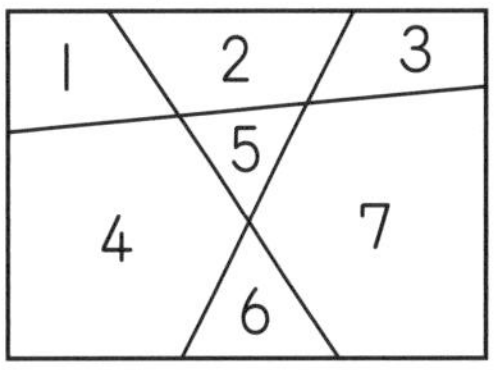

[　　　　]

20日 まとめテスト (4)

① 0, 1, 2, 3, 4, 5 の 6 個の数字の中から 3 個を使って 3 けたの数をつくります。ただし, 同じ数字を 2 個以上使ってはいけません。(8点×3−24点)

(1) 全部で何通りの数ができますか。

(2) 偶数は何通りできますか。

(3) 5 の倍数は何通りできますか。

② 1, 2, 3, 4, 5, 6 の数字が書かれた 6 枚のカードの中から, 2 枚のカードを選ぶとき, 次のような選び方は何通りありますか。(7点×2−14点)

(1) 選んだカードに書いてある数字の和が偶数になる選び方

(2) 選んだカードに書いてある数字の積が偶数になる選び方

③ 右の図のア〜オの部分を, となりあった部分が同じ色にならないようにぬり分けます。(8点×2−16点)

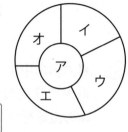

(1) 赤, 青, 黄の 3 色でぬり分ける方法は何通りありますか。

(2) 赤, 青, 黄, 緑の 4 色を全部使ってぬり分ける方法は何通りありますか。

④ 右の図のように，縦，横に等しい間かくで，9個の点が並んでいます。このうち，3個の点を頂点とする三角形をつくります。

(7点×2−14点)

(1) 直角三角形は何個できますか。

(2) 二等辺三角形は何個できますか。

⑤ 1と2だけを使ったたし算の式で，答えが4になるものは，次の5通りです。
1+1+1+1=4，1+1+2=4，1+2+1=4，2+1+1=4，2+2=4 (8点×2−16点)

(1) 答えが5になる式は，何通りありますか。

(2) 答えが10になる式は，何通りありますか。

⑥ 右の図のように，円周上に等しい間かくでA〜Iの9個の点があります。この中から3個の点を結んで三角形をつくります。(8点×2−16点)

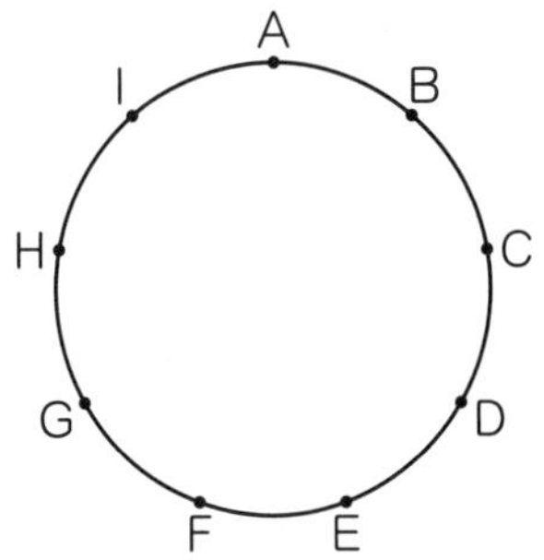

(1) 正三角形は何個できますか。

(2) 正三角形でない二等辺三角形は何個できますか。

21日 相 当 算

ある学校の男子生徒の人数は生徒全体の人数の 60% より 47 人少なく，女子生徒の人数は生徒全体の人数の半分より 12 人多いそうです。この学校の全生徒数は何人ですか。

全生徒数を 100% として，男子，女子の生徒数を図に表すと次のようになります。

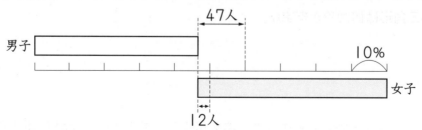

この図から，全生徒数の 10% にあたる人数が，

①[　　　] − ②[　　　] = ③[　　　]（人）とわかります。

全生徒数を□人とすると，□×0.1 = ③[　　　] となるので，

□ = ③[　　　] ÷ 0.1 = ④[　　　]（人）

ポイント 全体のうちの一部分の数量と，その割合をもとにして，全体（100%や1にあたる数量）を求めます。

1 ある学校の男子生徒の人数は生徒全体の人数の 48% より 13 人多く，女子生徒の人数は生徒全体の人数の 46% より 2 人多いそうです。この学校の全生徒数は何人ですか。

[　　　　　]

2 すすむさんは，持っていたお金の $\frac{5}{7}$ で本を買い，次に 150 円のノートを買ったところ，60 円残りました。すすむさんは，はじめに何円持っていましたか。

[　　　　　]

3 　ある中学校では，電車で通学している人が全体の $\frac{3}{7}$ より 18 人多く，それ以外の方法で通学している人が全体の $\frac{2}{3}$ より 42 人少ないそうです。電車で通学している人は何人ですか。

4 　生徒全体の $\frac{3}{5}$ が下校し，さらに残りの $\frac{7}{10}$ より 8 人多い生徒が下校しました。校内にはまだ 85 人残っています。この学校の全生徒数は何人ですか。

5 　ある品物を，定価の 15%引きで売ると 100 円の利益がありますが，24%引きで売ると 80 円の損失になります。
(1) この品物の定価はいくらですか。

(2) この品物の仕入れ値（原価）はいくらですか。

6 　プールに，まっすぐな棒 A を水面と垂直に底まで立てると，棒の $\frac{1}{5}$ が水面から上に出ました。次に，棒 A より 50cm 長いまっすぐな棒 B を水面と垂直に底まで立てると，棒の $\frac{2}{5}$ が水面から上に出ました。プールの深さは何 cm ですか。

プールの深さを⑫としてA，Bの長さを求めてみよう。

22日 倍 数 算

すすむさんと妹の持っている所持金の比は 4：3 でしたが，すすむさんが妹に 2000 円あげたので，所持金の比が 1：2 になりました。すすむさんははじめにいくら持っていましたか。

すすむさんが妹にお金をあげる前とあげたあとで，2 人の所持金の和は変わらないことに注意します。2 人の持っている所持金の和を 7 と 3 の最小公倍数の㉑とすると，
　　　　　　　　　　　　　　　4+3↑　　↑1+2

2 人の所持金は，

　　お金をあげる前……すすむさん＝⑫，妹＝⑨　←4：3=12：9

　　お金をあげたあと……すすむさん＝⑦，妹＝⑭　←1：2=7：14

となります。すると，下の図のように，2000 円は ⑫－⑦＝⑤ にあたるから，

①の表す金額は，| ① 　　　　 | ÷ | ② 　　 | ＝ | ③ 　　　 | （円）とわかります。

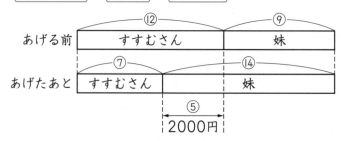

したがって，すすむさんのはじめの所持金（＝⑫）は，

| ③ 　　　 | ×12＝ | ④ 　　　 | （円）

ポイント 2 人でお金をやりとりしても，所持金の和は変わりません。

---

1 兄と弟のはじめの所持金の比は 2：1 でしたが，兄が弟に 1800 円あげたところ，所持金の比は 11：19 になりました。兄ははじめにいくら持っていましたか。

2 はじめ，AさんとBさんの所持金の比は 7：2 でしたが，AさんがBさんに 400 円
渡したので 5：2 になりました。Aさんははじめにいくら持っていましたか。

3 ふみかさんと妹の持っている所持金の比は 4：3 でしたが，2人とも 2000 円ずつ
使ったので，所持金の比が 7：4 になりました。ふみかさんははじめにいくら持ってい
ましたか。

2人の所持金の差は
変わらないね。

4 現在だいちさんとお父さんの年令の比は 1：3 ですが，8 年後には 3：7 になります。
現在のお父さんの年令は何才ですか。

5 りょうこさんと妹はそれぞれいくらかずつお金を持っています。もし，りょうこさんが
800 円使うと2人の所持金の比は 10：9 になり，妹が 800 円使うと2人の所持金
の比は 12：7 になります。りょうこさんはいくら持っていますか。

23日 仕事算

ある仕事をするのに，Aさんが1人ですると20日かかり，Bさんが1人ですると30日かかります。

(1) この仕事を，AさんとBさんが2人ですると，何日かかりますか。

仕事全体の量を 60（＝20 と 30 の最小公倍数）とすると，
・Aさんが1日にする仕事の量は，60÷20＝3
・Bさんが1日にする仕事の量は，60÷30＝2
AさんとBさんが2人ですると，1日に 3＋2＝5 の仕事をするので，

かかる日数は，⑤①　÷②　＝③　（日）

(2) この仕事を2人で始めましたが，Bさんが何日か休んだため，仕上げるのに14日かかりました。Bさんは何日休みましたか。

Aさんが14日間でした仕事の量は，④　×14＝⑤

Bさんのした残りの仕事の量は，60−⑤　＝⑥

これより，Bさんは，⑥　÷2＝⑦　（日）仕事をしたことがわかるので，

休んだのは，14−⑦　＝⑧　（日）

ポイント 仕事全体の量をかかった日数の最小公倍数に設定します。

1 ある仕事をするのに，Aさんが1人ですると30日かかり，Bさんが1人ですると45日かかります。

(1) この仕事を，AさんとBさんが2人ですると，何日かかりますか。

(2) この仕事を2人で始めましたが，Bさんが何日か休んだため，仕上げるのに20日かかりました。Bさんは何日休みましたか。

2 ある仕事を機械 A で行うと 24 時間，機械 B で行うと 30 時間かかります。

(1) この仕事をはじめの 12 時間，機械 A だけで行い，途中から機械 B だけで行ったら，仕上げるのに全部で何時間かかりますか。

> [   ]

(2) この仕事を一定の時間，機械 A だけで行い，途中から機械 B だけで行ったら，全部で 26 時間かかりました。機械 B だけで仕事を行った時間は何時間ですか。

> [   ]

3 水そうに水を満たすのに，A 管だけを使うと 20 分かかり，A 管と B 管の両方を同時に使うと 12 分ですみます。

(1) B 管だけで水を入れると，水そうを満たすのに何分かかりますか。

> [   ]

(2) A 管 2 本と B 管 3 本を同時に使って水を入れると，水そうを満たすのに何分かかりますか。

> [   ]

4 ある仕事を仕上げるのに，A さん 1 人では 36 日，B さん 1 人では 18 日，C さん 1 人では 12 日かかります。

(1) この仕事を，B さんと C さんが 2 人ですると，何日目に終わりますか。

> [   ]

(2) この仕事を 3 人でいっしょに仕上げるつもりでしたが，途中で B さんが何日か休んだため，仕上げるまでに全部で 8 日かかりました。B さんは何日休みましたか。

> [   ]

24日 ニュートン算

毎分同じ割合で水がわき出している井戸があります。この井戸をからにするのに，ポンプ8台を使うと6分，ポンプ6台を使うと10分かかります。ただし，どのポンプも1分間にくみ出す水の量は同じです。

(1) ポンプ1台が1分間にくみ出す水の量を①とするとき，井戸にわき出ている水の量は1分間につきいくらになりますか。丸数字で表しなさい。

水をくみ出すようすを図に表すと，次のようになります。

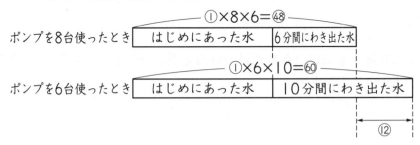

この図より，10−6＝4（分間）に ⑥⓪−④⑧＝⑫ の水がわき出たことがわかるので，

1分間にわき出る水の量は，　☐①　÷　☐②　＝　☐③

(2) ポンプ13台を使うと，何分でからになりますか。

上の図より，はじめに井戸の中にあった水の量は，⑧−☐③　×6＝☐④

ポンプを13台使えば，1分間に 13−☐③　＝☐⑤　ずつ水が減るので，

からになるのにかかる時間は，☐④　÷☐⑤　＝☐⑥　（分）

ポイント　ポンプ1台が1分あたりにくみ出す水の量を①として考えます。

1　毎分同じ割合で水がわき出している井戸があります。この井戸の水をからにするのに，ポンプ5台を使うと15分，ポンプ7台を使うと5分かかります。ポンプ9台を使うと，何分でからになりますか。

2 ある牧場に馬を 5 頭放牧すると牧草は 10 日でなくなり，馬を 7 頭放牧すると牧草は 5 日でなくなります。牧草は毎日一定のはえ方をするとき，1 頭の馬が 1 日に食べる草の量を 1 として，次の問いに答えなさい。

> 牧草が井戸の水で，馬がポンプと同じはたらきをしているよ。

(1) 牧草は 1 日にどれだけはえてきますか。

[   ]

(2) はじめに，どれだけの牧草がはえていましたか。

[   ]

(3) 馬を 8 頭放牧すると，牧草は何日でなくなりますか。

[   ]

3 あるコンサート会場では，入場開始前からすでに長い行列ができていて，その後も 1 分あたり 24 人の割合で増えています。入場窓口を 3 つにすると 1 時間 15 分で行列がなくなり，窓口を 4 つにすると 45 分で行列がなくなるといいます。

(1) 窓口 1 つで 1 分あたりに受け付ける人数は何人ですか。

[   ]

(2) 入場開始前に並んでいた人数は何人ですか。

[   ]

(3) 窓口をいくつにすると，15 分で行列がなくなりますか。

[   ]

25日 まとめテスト (5)

➡ 解答は 82 ページ

時間 **30分**
【はやい25分・おそい35分】

得点

合格 **80点**

点

月　　日

1 次の □ にあてはまる数を答えなさい。(10点×2−20点)

(1) ある学校の男子生徒の人数は生徒全体の人数の 20%より 148 人多く，女子生徒の人数は生徒全体の人数の $\frac{3}{8}$ より 56 人多いそうです。この学校の全生徒数は □ 人です。

(2) 落ちた高さの $\frac{3}{7}$ だけはね上がるボールがあります。いま，ある高さからこのボールを落とし，2 回目のはね上がった高さを測ると 36cm でした。はじめにボールを落とした高さは □ m です。

2 次の □ にあてはまる数を答えなさい。(10点×3−30点)

(1) A，B 2 つの商品のねだんの比ははじめ 1：2 でしたが，それぞれ 20 円ずつ値上がりしたので 3：5 になりました。商品 A のはじめのねだんは □ 円です。

(2) はじめ，姉と妹が持っていたおはじきの比は 5：2 でしたが，姉が妹に 3 個あげたら，その比は 9：5 になりました。はじめに姉が持っていたおはじきは □ 個です。

(3) 現在の A さんと B さんの年令の比は 7：2 ですが，10 年後には 9：4 になります。現在の A さんの年令は □ 才です。

3 Aさん1人ですると40日かかり，AさんとBさんの2人ですると24日かかる仕事があります。(10点×2−20点)

(1) この仕事をBさん1人ですると何日かかりますか。

(2) Aさんが1人でこの仕事を始め，何日かあとにBさんがAさんに代わって1人でこの仕事をし，合わせて46日で仕上げました。Aさんだけで仕事を行った日数は何日ですか。

4 ある水そうに，A管を使って水を入れると12分でいっぱいになり，B管を使って水を入れると20分でいっぱいになります。A管とB管を同時に使って水を入れ始めましたが，何分かあとにA管が故障したので，残りはB管だけで水を入れて，いっぱいになるのに全部で10分かかりました。A管が故障したのは，水を入れ始めてから何分後ですか。(10点)

5 毎分5Lの割合で水のわき出ている井戸があります。いま，毎分30Lくみ上げられるポンプを使って水をくむと40分で水がなくなります。毎分45Lくみ上げられるポンプを使うと，水は何分でなくなりますか。(10点)

6 切手の販売窓口で，発売前から行列ができていて，一定の割合で人数が増えています。窓口を3つにすると発売後20分で，4つにすると発売後10分で行列がなくなります。窓口を6つにして発売すると，行列がなくなるのに何分かかりますか。(10点)

26日 旅 人 算

りょうさんは分速75mで，まきさんは分速45mで歩きます。

(1) 2人が600mはなれた地点から向かい合って歩き出すと，2人が出会うまでに何分かかりますか。

下の図のように，歩き始めて1分後には，2人の間の距離は，

$\boxed{①}$ ＋ $\boxed{②}$ ＝ $\boxed{③}$ （m）縮まって，480mになっています。

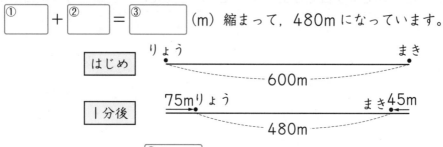

以後，1分たつごとに $\boxed{③}$ mずつ2人は近づいていくので，

出会うまでの時間は，$\boxed{④}$ ÷ $\boxed{③}$ ＝ $\boxed{⑤}$ （分）

(2) りょうさんが600m先を歩いているまきさんを追いかけると，りょうさんがまきさんに追いつくのに何分かかりますか。

下の図のように，追いかけ始めて1分後には，2人の間の距離は，

$\boxed{①}$ － $\boxed{②}$ ＝ $\boxed{⑥}$ （m）縮まって，570mになっています。

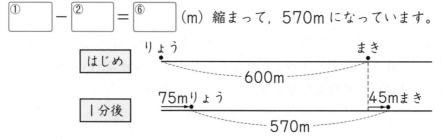

以後，1分たつごとに $\boxed{⑥}$ mずつりょうさんはまきさんに近づいていくので，

追いつくまでの時間は，$\boxed{④}$ ÷ $\boxed{⑥}$ ＝ $\boxed{⑦}$ （分）

ポイント 向かい合って進むときは速さの和ずつ近づいていき，追いかけるときは速さの差ずつ近づいていきます。

1 A 地点と B 地点の間の道のりは 1800m です。太郎さんは A 地点から B 地点に向かって分速 65m の速さで，花子さんは B 地点から A 地点に向かって，同時に歩き出しました。2 人が 12 分後に出会ったとすると，花子さんの速さは分速何 m ですか。

2 湖のまわりを 1 周する道の同じ地点から，兄と弟が同時に反対方向に走ると，2 人は 10 分後に出会います。兄の走る速さは分速 200m，弟の走る速さは分速 160m です。

(1) 湖のまわりの道は 1 周何 m ですか。

(2) もし，兄と弟が同じ地点から同時に同じ方向に走ると，兄は何分後に弟にはじめて追いつきますか。

3 池のまわりの道を，A さんと B さんは右回りに，C さんは左回りに，同時に同じ地点から歩き始めました。途中，C さんは A さんと出会い，その 3 分後に B さんと出会いました。A さん，B さん，C さんの歩く速さは順に分速 90m，分速 60m，分速 80m です。

(1) C さんと A さんが出会ったとき，B さんと A さんは何 m はなれていましたか。

(2) この池のまわりの道のりは何 m ですか。

27日 通 過 算

時速72kmで走る長さ160mの普通列車と，時速108kmで走る長さ200mの特急列車があります。

(1) 普通列車が長さ800mの鉄橋を通過するのに何秒かかりますか。

1時間＝ ①[　　　] 秒，72km＝72000m だから，普通列車の速さは，

秒速 72000÷①[　　　] ＝②[　　　] (m)

列車が鉄橋を通過するためには，「鉄橋の長さ ＋ 列車の長さ」だけ進む必要があります。つまり，800＋③[　　　] ＝④[　　　] (m) 進めばよいので，かかる時間は，

④[　　　] ÷②[　　　] ＝⑤[　　　] (秒)

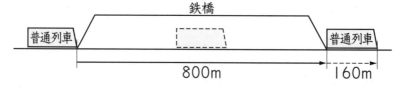

(2) 特急列車が普通列車に追いついてから完全に追いこすまで何秒かかりますか。

特急列車の速さは，秒速 108000÷①[　　　] ＝⑥[　　　] (m) だから，普通列車を追いこす速さは，毎秒 ⑥[　　　] －②[　　　] ＝⑦[　　　] (m)

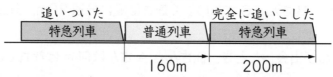

特急列車が普通列車に追いついてから完全に追いこすまでに，特急列車は普通列車より 160＋200＝⑧[　　　] (m) よけいに進む必要があります。

したがって，かかる時間は，⑧[　　　] ÷10＝⑨[　　　] (秒)

ポイント すれちがうときの速さは，2つの列車の速さの和と等しくなり，追いこすときの速さは，2つの列車の速さの差と等しくなります。

1 時速 54km で走る，長さ 600m の貨物列車があります。

(1) この貨物列車が，線路のわきに立っている人の前を通過するのに何秒かかりますか。

[   ]

(2) 秒速 25m の速さで走る長さ 140m の急行列車が，この貨物列車に追いついてから完全に追いこすまでに何秒かかりますか。

[   ]

2 時速 90km で走る長さ 125m の列車 A と，時速 108km で走る長さ 205m の列車 B があります。列車 A が，反対方向に走っている列車 B に出会ってからすれちがい終わるまでに何秒かかりますか。

[   ]

3 ある列車が，長さ 1450m のトンネルを通りぬけるのに 1 分 30 秒，長さ 550m の鉄橋を通過するのに 40 秒かかりました。

列車の長さをふくまない道のりと時間を求めよう。

(1) この列車の速さは秒速何 m ですか。

[   ]

(2) この列車の長さは何 m ですか。

[   ]

(3) この列車が，長さ 150m の急行列車と出会ってからすれちがい終わるまでに 8 秒かかりました。急行列車の速さは秒速何 m ですか。

[   ]

28日 流 水 算

28日 流 水 算

流れのないところでは，時速 20km の速さで進む船があります。この船が，時速 4km の速さで流れる川の上流にある A 地点と下流にある B 地点の間を往復します。

(1) A 地点から B 地点まで川を下るのに 2 時間かかりました。A 地点から B 地点までは何 km ありますか。

船が川を下るときは，船の進む方向と川の流れる方向が同じなので，船の進む速さは，

時速 20+①□＝②□（km）

したがって，AB 間は，②□×2＝③□（km）

(2) B 地点から A 地点まで川を上るのに何時間かかりますか。

船が川を上るときは，船の進む方向と川の流れる方向が逆なので，船の進む速さは，

時速 20−①□＝④□（km）

したがって，B 地点から A 地点まで川を上るのにかかる時間は，

③□÷④□＝⑤□（時間）

ポイント　下りの速さは，静水での速さと流れの速さの和に等しくなります。
　　　　　　└流れのないところ
　　　　　　上りの速さは，静水での速さと流れの速さの差に等しくなります。

---

1 流れのないところでは，分速 250m の速さで進む船があります。この船が，分速 50m の速さで流れる川の下流にある A 地点から上流にある B 地点まで川を上るのに 30 分かかりました。

(1) A 地点から B 地点までは何 km ありますか。

(2) B 地点から A 地点まで川を下るのに何分かかりますか。

2 川の上流にある A 地点から下流にある B 地点までは 7.2km あります。静水での速さが分速 300m の船が，A 地点と B 地点の間を往復します。川の流れの速さは分速 60m です。この船が A 地点と B 地点の間を往復するのに何分かかりますか。

☐

3 ある人がボートをこぐ速さは，静水では分速 100m です。この人が，長さ 8.4km の川を下るのに 1 時間かかりました。

(1) 川の流れる速さは分速何 m ですか。

☐

(2) 上りは静水でのこぐ速さを 2 倍にしました。川を上るのに何分かかりますか。

☐

4 船で川を 48km 上るのに 4 時間，下るのに 3 時間かかりました。この船の静水での速さと，川の流れの速さはそれぞれ時速何 km ですか。

船の静水での速さ ☐ ，川の流れの速さ ☐

5 A と B の 2 そうの船が，長さ 36km の川を往復しました。A は上りに 2 時間，下りに 1 時間 30 分かかりました。B は下りに 2 時間かかりました。

(1) 川の流れる速さは時速何 km ですか。

☐

(2) B の船は上りに何時間かかりますか。

☐

29日　時　計　算

いま，時計の針が5時ちょうどを指しています。

(1) 時計の長針と短針がつくる角（180°より小さい方）は何度ですか。

時計盤の1～12の数字と数字の間の角度は ①[　　　]°÷12＝②[　　　]°

だから，5時のときは，②[　　　]°×5＝③[　　　]°

(2) 時計の長針と短針は，それぞれ1分間に何度まわりますか。

長針は1時間で360°まわるので，1分間にまわる角度は，

360°÷④[　　　]＝⑤[　　　]°

短針は1時間で30°まわるので，1分間にまわる角度は，

30°÷④[　　　]＝⑥[　　　]°

(3) 5時と6時の間で，時計の長針と短針が重なる時刻は5時何分ですか。

5時ちょうどのとき，長針と短針は150°開いているが，長針の方が短針よりも速くまわるので，その角度はしだいに小さくなっていき，やがて長針と短針は重なります。

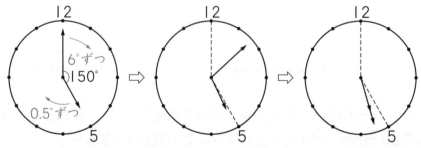

150°開いている　　　角度がだんだん小さくなる　　　2つの針が重なる

長針と短針の間の角度は，1分間につき，⑤[　　　]°－⑥[　　　]°＝⑦[　　　]°

ずつ小さくなっていくので，2つの針が重なるのは，

⑧[　　　]÷⑦[　　　]＝⑨[　　　]（分後）　つまり，5時 ⑨[　　　]分

ポイント 1分間に時計の長針は6°，短針は0.5°まわります。

1 次の時刻のとき，時計の長針と短針がつくる角（180°より小さい方）はそれぞれ何度ですか。

(1) 7時20分

まず，7時ちょうどのときの角度を考えよう。

☐

(2) 7時48分

☐

2 たくまさんが勉強をし始めたときに時計を見ると，7時と8時の間でちょうど長針と短針が重なっていました。1時間ほどで勉強を終え，時計を見ると，8時と9時の間でちょうど長針と短針が重なっていました。たくまさんは何分間勉強をしていましたか。

☐

3 9時と10時の間で，次の時刻を求めなさい。ただし，9時ちょうどと10時ちょうどはふくめません。

(1) 時計の長針と短針が反対向きに一直線になる時刻

☐

(2) 時計の長針と短針が直角になる時刻

☐

(3) 時計の長針と短針が，12時と6時を結ぶ直線について左右対称になる時刻

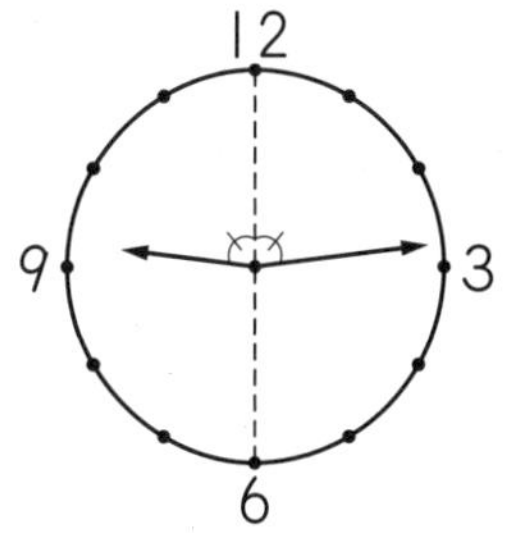

☐

① あやなさんは家を 8 時に出て，分速 60m の速さで歩いて学校に向かいました。あやなさんが家を出た 7 分後に，忘れ物に気づいたお母さんが，あやなさんのあとを自転車で追いかけました。自転車の速さは分速 200m です。お母さんがあやなさんに追いつくのは，何時何分ですか。(9点)

② 湖のまわりの 1 周 2400m の道の同じ地点から，兄と弟が同時に反対方向に走ると，2 人は 6 分後に出会います。また，同じ地点から同時に同じ方向に走ると，30 分後に兄が 1 周多く走って弟に追いつきます。(9点×2-18点)

(1) 兄と弟の走る速さの和は，分速何 m ですか。

(2) 兄の走る速さは分速何 m ですか。

③ 時速 72km で走る，長さ 180m の列車があります。(9点×2-18点)
(1) この列車が長さ 780m のトンネルに入り始めてから，完全に抜け出すまでに何秒かかりますか。

(2) この列車が，時速 90km で走る長さ 270m の特急列車と出会ってからすれちがい終わるまでに何秒かかりますか。

④ 流れのないところでは，分速 400m の速さで進む船があります。この船が，川の上流にある A 地点から 6.3km 下流にある B 地点まで川を下るのに 14 分かかりました。この船が B 地点から A 地点まで川を上るのに何分かかりますか。(10点)

⑤ 毎秒 0.6m の速さで動く「動く歩道」があります。この動く歩道に立つと，4 分で歩道のはしからはしまで行くことができ，また，動く歩道に乗って，進行方向に一定の速さで歩いて行くと，1 分 30 秒ではしからはしまで行くことができます。(9点×2－18点)

(1) 歩く速さは毎秒何 m ですか。

(2) もし，動く歩道に乗って，歩道の進む方向と反対向きに歩くと，はしからはしまで行くのに何分かかりますか。

⑥ 3 時をすぎて 4 時までの間で，時計の長針と短針の角度が 90°になっています。
(9点×3－27点)

(1) このときの時刻は 3 時何分ですか。

(2) この次に時計の長針と短針の角度が 90°になる時刻は何時何分ですか。

(3) このように時計の長針と短針の角度が 90°になるのは，1 日のうちで何回ありますか。

時間 **50分**
【はやい45分・おそい55分】
得点

合格 **80点**

点

中学入試 模擬テスト

① 次の □ にあてはまる数を答えなさい。(5点×5−25点)

(1) 3%の食塩水 300g と 8%の食塩水 200g を混ぜると □ %の食塩水ができます。

(2) 800 円で仕入れた品物に 3 割増しの定価をつけましたが，売れないので，定価の 15%引きで売りました。このときの利益は □ 円です。

(3) 0，2，3，5，7 の中から異なる 3 つの数字を並べて 3 けたの整数をつくるとき，5 の倍数は □ 通りできます。

(4) 時速 90km の速さで走る列車が，900m のトンネルを通りぬけるのに 44 秒かかりました。列車の長さは □ m です。

(5) 10 時と 11 時の間で，時計の長針と短針が反対向きに一直線になる時刻は，10 時 □ 分です。

② A さんが 1 人で行うと 3 時間かかる仕事があります。この仕事を，A さんと B さんの 2 人で行うと，2 時間で終わります。(5点×2−10点)

(1) この仕事を B さん 1 人で行うと，何時間かかりますか。

(2) この仕事を A さん 1 人で 20 分行い，残りを B さん 1 人で行うと，仕事が終わるのにかかる時間は全体で何時間何分ですか。

③ 兄と弟の所持金の比は 2：1 でしたが，兄が弟に 800 円あげたので，兄と弟の所持金の比は 10：9 になりました。(5点×2－10点)

(1) 兄ははじめにいくら持っていましたか。

(2) 兄が弟にさらに 900 円あげたときの兄と弟の所持金の比を，もっとも簡単な整数の比で求めなさい。

④ 右の図のような台形 ABCD があります。(5点×3－15点)

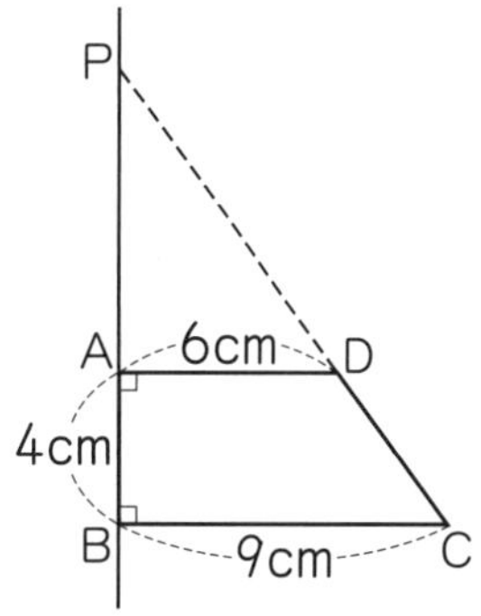

(1) PB の長さは何 cm ですか。

(2) 台形 ABCD を辺 AB を軸として 1 回転させてできる立体の体積は何 cm³ ですか。

(3) 台形 ABCD を辺 BC を軸として 1 回転させてできる立体の体積は何 cm³ ですか。

⑤ 右の図の四角形 ABCD は長方形です。(5点×2－10点)

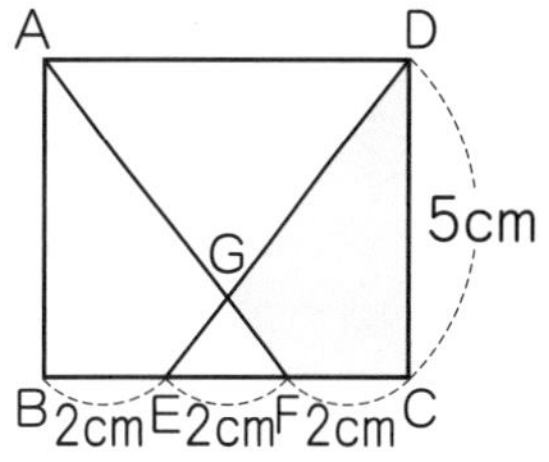

(1) DG：GE をもっとも簡単な整数の比で求めなさい。

(2) 色のついた部分の面積は何 cm² ですか。

6 家からおばさんの家まで，歩いて行くと走って行くときよりも 18 分多く時間がかかります。歩く速さを分速 60m，走る速さを分速 150m として，次の問いに答えなさい。

(5点×2-10点)

(1) 家からおばさんの家までの道のりは何 km ですか。

(2) 家からおばさんの家まで行くのに，はじめは歩いて，途中からは走って行ったので，全体で 24 分かかりました。走った時間は何分間ですか。

7 右の図 1 の 8 つのわくの中に，1 から 8 までの整数を 1 つずつ書き入れます。ただし，上下にとなり合うわくには下のわくの方が数字が大きく，左右にとなり合うわくには右のわくの方が数字が大きくなるようにします。(5点×2-10点)

(図 1)

(図 2)

1			
2		7	8

(1) 図 2 のように 1，2，7，8 を書き入れたとき，残りの数の書き入れ方は何通りありますか。

(2) 書き入れ方は全部で何通りありますか。

8 1 周が 300m の「流れるプール」があります。ある人がこのプールを 1 周するとき，流れの方向に泳ぐと 4 分かかり，流れに逆らって泳ぐと 20 分かかります。(5点×2-10点)

(1) プールの流れる速さは分速何 m ですか。

(2) もし，水の流れがなかったら，この人がプールを 1 周するのに何分かかりますか。

● 1日 2～3ページ

①1.2　②2400　③1.2　④2500

[1] (1)1560円　(2)2400円

[2] (1)112円　(2)90円

[3] (1)25%　(2)300円

[4] (1)48000円　(2)33600円　(3)3600円

解 き 方

[1] (1)1200×1.3=1560（円）

(2)3120÷1.3=2400（円）

> ◆チェックポイント◆　定価を求めるときは，
> 1200×0.3=360，1200+360=1560（円）
> のように計算することもできますが，定価から
> 仕入れ値を求めるとき，同じように，
> 3120×0.3=936，3120−936=2184（円）
> と計算するのは誤りです。

[2] (1)80×1.4=112（円）

(2)126÷1.4=90（円）

[3] (1)利益は，100−80=20（円）です。これは
仕入れ値の 80円に対して，20÷80=0.25
より，25%になります。

(2)240×1.25=300（円）

[4] (1)30000×1.6=48000（円）

(2)定価の 3割引きというのは，定価の 0.7倍の
ことです。定価が 48000円だったので，
48000×0.7=33600（円）

(3)30000円で仕入れて 33600円で売ったの
で，33600−30000=3600（円）

● 2日 4～5ページ

①0.08　②16　③0.15　④22.5　⑤38.5

⑥0.11　⑦11

[1] (1)18g　(2)7%

[2] (1)36g　(2)9%

[3] 10%

[4] (1)20%　(2)37.5%

[5] (1)350　(2)40

解 き 方

[1] (1)300×0.06=18（g）

(2)濃度が 10%の食塩水 100g の中にふくまれ
ている食塩の重さは，100×0.1=10（g）
よって，2つの食塩水を混ぜ合わせると，食塩
水全体の重さは，300+100=400（g），食
塩の重さは，18+10=28（g）になるので，
その濃度は，28÷400=0.07 より，7%

[2] (1)300×0.12=36（g）

(2)水を 100g 加えると，食塩水全体の重さは，
300+100=400（g）になります。食塩の重
さは 36g のままなので，その濃度は，
36÷400=0.09 より，9%

[3] 食塩の重さは，500×0.08=40（g）
水を 100g 蒸発させると，食塩水全体の重さ
は，500−100=400（g）になります。食塩
の重さは 40g のままなので，その濃度は，
40÷400=0.1 より，10%

[4] (1)砂糖水全体の重さは，200+50=250（g）
です（200g ではありません）。とけている砂
糖の重さは 50g なので，濃度は，
50÷250=0.2 より，20%

(2)さらに 70g の砂糖をとかすと，砂糖水全体の
重さは，250+70=320（g）になり，砂糖の
重さは，50+70=120（g）になります。し
たがって，その濃度は，120÷320=0.375
より，37.5%

[5] (1)□×0.08=28 より，□=28÷0.08=350

(2)10%の食塩水 360g の中には 36g の食塩が
とけているので，（360+□）×0.09=36 よ
り，360+□=36÷0.09=400，
□=400−360=40

● 3日 6～7ページ

①3　②2　③2　④3　⑤3600　⑥1800

⑦60　⑧90　⑨30

[1] (1)3：2　(2)1時間 12分（72分）

2 (1)32：25　(2)56m

3 (1)5：4　(2)4500m

1 (1)けんじさんが 3600m 進んだとき，まいさんは 3600−1200=2400（m）進んでいます。よって，速さの比は 3600：2400=3：2

(2)けんじさんがおり返してから 2 人が出会うまでの間に，けんじさんとまいさんが進む道のりの比も 3：2 です。したがって，けんじさんは，

$1200 \times \dfrac{3}{5} = 720$（m）進んでいます。

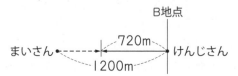

まいさん - - - - 720m - - けんじさん
1200m
B地点

つまり，けんじさんは 7 分 12 秒（=7.2 分）で 720m 進んだことになるので，けんじさんの速さは，分速 720÷7.2=100（m）
したがって，けんじさんが 1 往復（=7200m）するのにかかる時間は，7200÷100=72（分）=1 時間 12 分

2 (1)A さんの速さは，分速 200÷25=8（m）
B さんの速さは，分速 200÷32=6.25（m）
よって，速さの比は 8：6.25=32：25

(2)速さの比より，A さんと B さんが同じ時間に進む道のりの比も 32：25 だから，B さんが 200m 走る間に A さんは，

$200 \times \dfrac{32}{25} = 256$（m）走ることがわかります。

したがって，2 人が同時にゴールするためには，A さんは 256−200=56（m）スタート位置を下げればよいことになります。

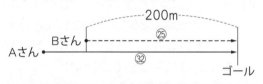

Aさん　Bさん - - - - 200m - - - - ㉕ - - - - ㉜ - - - - ゴール

◀チェックポイント▶　速さの比がわかれば，同じ時間に進む道のりの比もわかります。速さの問題では，同じ時間に進んだ道のりを矢印で表した図を利用して考えるとわかりやすくなります。

3 (1)75：60=5：4

(2)速さの比より，たかしさんとあきこさんが出会うまでに進んだ道のりの比も 5：4 だから，A 地点と B 地点の間の道のりを⑱とすると，下の図のように，2 人が出会った地点は AB 間のちょうどまん中より①だけ B 地点に近いところであることがわかります。

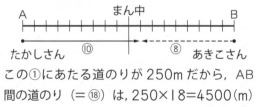

A　まん中　B
たかしさん　⑩　⑧　あきこさん

この①にあたる道のりが 250m だから，AB 間の道のり（=⑱）は，250×18=4500（m）

●4日 8〜9ページ

①9　②7　③4　④18　⑤1260　⑥14

1 (1)5：2　(2)1200m

2 (1)10：3　(2)時速 $6\dfrac{3}{7}$km

3 (1)1 時間 48 分　(2)7.2km

1 (1)速さの比が 80：200=2：5 だから，時間の比はその逆数の比になり，$\dfrac{1}{2} : \dfrac{1}{5} = 5:2$ です。

(2)家から駅まで行くのにかかる時間の差は，「3 分おくれ」と「6 分前」を考えると，3+6=9（分）とわかります。比の ⑤−②=③ にあたる時間が 9 分だから，比の①にあたる時間は，9÷3=3（分）になります。これより，家から駅まで歩いて行くときにかかる時間（=⑤）は，3×5=15（分）とわかるので，家から駅までは，80×15=1200（m）

2 (1)時速 15km= 時速 15000m= 分速 250m だから，速さの比は 75：250=3：10 です。したがって，かかる時間の比は 10：3

(2)家から学校まで行くのにかかる時間の差は，「12 分おくれ」と「16 分早く」を考えると，12+16=28（分）とわかります。
比の ⑩−③=⑦ にあたる時間が 28 分だから，比の①にあたる時間は，28÷7=4（分）になります。これより，家から学校まで歩いて行くときにかかる時間（=⑩）は，4×10=40（分）です。家から学校までは，

$75 \times 40 = 3000$（m）より，3km なので，予定どおりに着くには，$40 - 12 = 28$（分）で行かなければいけません。そのときの時速は，

$3 \div \dfrac{28}{60} = 6\dfrac{3}{7}$（km）

③ (1)行きと帰りでは同じ道のりです。行きと帰りの速さの比が $4:6 = 2:3$ だから，かかる時間の比は $3:2$ になります。往復で 3 時間（$=180$ 分）かかっているから，比の

③$+$②$=$⑤ にあたる時間が 180 分より，①にあたる時間は，$180 \div 5 = 36$（分），行きにかかった時間（$=$③）は，

$36 \times 3 = 108$（分）$=$1時間48分

(2)行きで考えると，時速 4km の速さで 1 時間 48 分（$=1.8$ 時間）かかっているから，片道の道のりは，$4 \times 1.8 = 7.2$（km）

●5日 10〜11 ページ
① (1)450　(2)35
② (1)20　(2)250
③ (1)5：4　(2)20 分
④ 180 円
⑤ (1)14%　(2)9%
⑥ (1)4：3　(2)120m　(3)960m

解き方

① (1)$\square \times 1.2 = 540$ より，$\square = 540 \div 1.2 = 450$
(2)$1080 \div 800 = 1.35 = 1 + 0.35$　これは 35% の利益を見こんだ定価であることを表しています。

② (1)食塩水全体の重さは，$100 + 25 = 125$（g）だから，濃度は，$25 \div 125 = 0.2$ より，20%
(2)$\square \times 0.08 = 20$ より，$\square = 20 \div 0.08 = 250$

③ (1)1 周するのにかかる時間の比が $36:45 = 4:5$ だから，速さの比はこれの逆数の比で $\dfrac{1}{4}:\dfrac{1}{5} = 5:4$ になります。

(2)2 人が出会うまでに，A さんが進む道のりは 1 周の道のりの $\dfrac{5}{9}$ です。A さんは 1 周するのに 36 分かかるので，1 周の道のりの $\dfrac{5}{9}$ を進む

のにかかる時間は，$36 \times \dfrac{5}{9} = 20$（分）

チェックポイント　このような場合，1 周の道のりを仮に 180m（180 は 36 と 45 の最小公倍数）と考えて，2 人の分速をそれぞれ $180 \div 36 = 5$（m），$180 \div 45 = 4$（m）として計算すると，はじめて出会うまでにかかる時間は，$180 \div (5+4) = 20$（分）と求めることもできます。

④ 定価は，$1500 \times 1.4 = 2100$（円）より，売った値段は，$2100 \times 0.8 = 1680$（円）だから，利益は，$1680 - 1500 = 180$（円）

⑤ (1)ビーカー A の食塩水にふくまれている食塩の重さは，$300 \times 0.12 = 36$（g），ビーカー B の食塩水にふくまれている食塩の重さは，$200 \times 0.17 = 34$（g）なので，ビーカー A とビーカー B を混ぜ合わせると，食塩水全体の重さは，$300 + 200 = 500$（g），食塩の重さは，$36 + 34 = 70$（g）になります。したがって，濃度は，$70 \div 500 = 0.14$ より，14%
(2)$36 \div (300 + 100) = 0.09$ より，9%

⑥ (1)太郎さんと花子さんの速さの比は $80:60 = 4:3$ だから，同じ時間に進む道のりの比も $4:3$ です。

(2)太郎さんが待ち合わせの場所に着いた 2 分後に花子さんが来たので，求める道のりは，$60 \times 2 = 120$（m）

(3)太郎さんが待ち合わせの場所に着いたときのようすを図に表すと下のようになります。

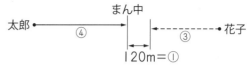

太郎さんが進んだ道のりを④，花子さんが進んだ道のりを③とすると，120m は①にあたります。したがって，2 人の家の間の道のり（$=$⑧）は，$120 \times 8 = 960$（m）

●6日 12〜13 ページ
①1　②2　③2　④3　⑤30　⑥3　⑦2　⑧18
① 16cm²
② (1)18cm²　(2)14.4cm²

③ (1)6cm²　(2)20cm²

解き方

① BD：DC＝5：4 だから，三角形 ABD と三角形 ADC の面積の比も 5：4 です。したがって，三角形 ADC の面積は，三角形 ABC の面積の $\dfrac{4}{9}$ なので，$54×\dfrac{4}{9}=24$（cm²）になります。

次に，AE：EC＝2：1 だから，三角形 ADE と三角形 EDC の面積の比も 2：1 です。したがって，三角形 ADE の面積は三角形 ADC の面積の $\dfrac{2}{3}$ なので，$24×\dfrac{2}{3}=16$（cm²）

◀チェックポイント▶　それぞれの三角形の面積は下の図のようになります。
底辺の比と面積の比が一致していることを確認しましょう。

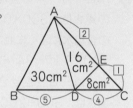

② (1)BC＝4.8＋7.2＝12（cm）なので，三角形 ABC の面積は，$12×9÷2=54$（cm²）です。AD：DB＝5：10＝1：2 より，三角形 ADC の面積は三角形 ABC の面積の $\dfrac{1}{3}$ なので，

$54×\dfrac{1}{3}=18$（cm²）

(2)三角形 BCD の面積は，$54×\dfrac{2}{3}=36$（cm²）です。BE：EC＝4.8：7.2＝2：3 だから，三角形 BED の面積は，三角形 BCD の面積の $\dfrac{2}{5}$ なので，$36×\dfrac{2}{5}=\dfrac{72}{5}=14.4$（cm²）

③ A と F，C と E を結ぶと，各三角形の面積は右の図のようになります。

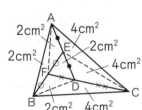

●7日 14〜15ページ
①4　②12　③1　④3　⑤72　⑥54

---

① 75cm²

② (1)14.4cm²　(2)39.6cm²

③ (1)3：4　(2)$\dfrac{3}{14}$

④ (1)2：1：3　(2)3cm²

解き方

① 三角形 AFD と三角形 EFB は相似な三角形なので，BF：FD＝BE：DA＝12：20＝3：5 です。三角形 ABD の面積は，$20×20÷2=200$（cm²）だから，三角形 ABF の面積は，$200×\dfrac{3}{8}=75$（cm²）

② (1)三角形 ABF と三角形 CEF は相似な三角形なので，BF：FE＝AB：CE＝9：6＝3：2 三角形 BCE の面積は，$12×6÷2=36$（cm²）です。BF：FE＝3：2 なので，三角形 CEF の面積は，$36×\dfrac{2}{5}=\dfrac{72}{5}=14.4$（cm²）

(2)四角形 AFED の面積は，三角形 ACD の面積から三角形 CEF の面積をひいたものだから，$9×12÷2-14.4=39.6$（cm²）

◀チェックポイント▶　比を使って面積を求める問題では，四角形の面積は，2つの三角形に分けたり，三角形から三角形をひいたりして求めます。

③ (1)三角形 AFE と三角形 CFB は相似な三角形なので，AF：FC は AE：CB と同じ比になります。AE：ED＝3：1 なので，AE の長さを3，ED の長さを1とすると，AD の長さは，3＋1＝4 となり，平行四辺形では向かい合う辺の長さが等しいことから，BC の長さも4になります。よって，AE：BC＝3：4 より，AF：FC＝3：4

(2)三角形 ABC の面積は，平行四辺形 ABCD の面積の $\dfrac{1}{2}$ です。AF：FC＝3：4 より，三角形 ABF の面積は三角形 ABC の面積の $\dfrac{3}{7}$ なので，平行四辺形の面積の，$\dfrac{1}{2}×\dfrac{3}{7}=\dfrac{3}{14}$

④ (1)三角形 AFD と三角形 EFB は相似な三角形なので，BF：FD＝BE：DA＝3：6＝1：2 で

す。そこで，対角線 BD の長さを 3 とすると，
BF=1，FD=2 となり，G は BD のまん中の
点だから，BG=1.5 より，
FG=BG−BF=1.5−1=0.5 とわかります。
したがって，
BF：FG：GD=1：0.5：1.5=2：1：3
(2)三角形 ABD の面積は，6×6÷2=18（cm²）で，
BF：FG：GD=2：1：3 だから，三角形 AFG
の面積は，$18×\dfrac{1}{2+1+3}=3$（cm²）

● **8日 16〜17ページ**
①12 　②9.42
1 12.56cm²
2 12.56cm²
3 (1)9.42cm　(2)4.71cm²
4 (1)37.68cm　(2)205cm²

解 き 方

1 求める部分の面積は，三角形 A'BD'＋三角形
BCD＋おうぎ形 BDD'−おうぎ形 BCC'−長方
形 A'BC'D になります。ここで，三角形 A'BD'＋
三角形 BCD は長方形 A'BC'D と同じ面積だか
ら，結局，おうぎ形 BDD'−おうぎ形 BCC' を
計算すればよいことがわかります。よって，
5×5×3.14÷4−3×3×3.14÷4
=(25−9)×3.14÷4=16×3.14÷4
=4×3.14=12.56（cm²）

◀ **チェックポイント** ▶　×3.14 の計算は，上のよう
に 3.14 をかける数をまとめてから行うように
しましょう。式の順序どおりに計算すると時間
がかかるうえに，計算まちがいのもとになりま
す。

2 求める部分の面積は，三角形 ABC＋おうぎ形
ACC'−おうぎ形 ABB'−三角形 AB'C' になり
ます。ここで，三角形 ABC と三角形 AB'C' は
同じ面積だから，結局，おうぎ形 ACC'−おう
ぎ形 ABB' を計算すればよいことがわかりま
す。おうぎ形 ACC' の面積は，
8×8×3.14÷8=25.12（cm²）
おうぎ形 ABB' の半径の長さはわかりませんが，

右の図のように，
半径□cm は正方
形 ABCD の 1 辺
の長さなので，
□×□ は正方形
ABCD の面積を
表します。正方形
の面積は「対角線
×対角線÷2」を利用すると，
8×8÷2=32（cm²）なので，□×□=32
よって，おうぎ形 ABB' の面積は，
□×□×3.14÷8=32×3.14÷8
=12.56（cm²）となり，求める部分の面積は，
25.12−12.56=12.56（cm²）

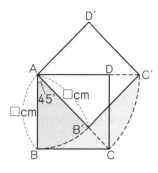

◀ **チェックポイント** ▶　このように，円やおうぎ形の
半径がわからなくても，「半径×半径」の値が
わかる場合があります。その場合，正方形の面
積を利用します。

3 (1)色のついた部分は，半径 3cm，中心角 60°
のおうぎ形の曲線の部分 3 つで囲まれている
ので，まわりの長さは，
(6×3.14÷6)×3=9.42（cm）
(2)右の図のように，はみ出
た部分を移しかえると，
半径 3cm，中心角 60°
のおうぎ形と同じ面積に
なるので，
3×3×3.14÷6=4.71（cm²）

4 (1)点 A は次の図のようなおうぎ形の曲線部分
をえがいて動きます。その長さは，
12×3.14÷4+20×3.14÷4+16×3.14÷4
=(12+20+16)×3.14÷4=48×3.14÷4
=12×3.14=37.68（cm）

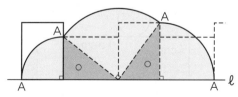

(2)この曲線と直線 ℓ で囲まれた部分は，3 つのお
うぎ形と，直角三角形 2 つです。3 つのおう
ぎ形の面積の和は，

6×6×3.14÷4+10×10×3.14÷4+8×8×
3.14÷4
=(36+100+64)×3.14÷4=200×3.14÷4
=50×3.14=157(cm²) です。
直角三角形は 2 つで 6×8=48(cm²) だから，
求める部分の面積は，157+48=205(cm²)

● 9 日 18 ～ 19 ページ
①2　②3　③2　④4
⑤12　⑥3.14　⑦18.28
1　10.925cm²
2　250.24cm²
3　41.12cm²
4　⑴21.28cm　⑵42.56cm²

解き方

1　次の図のように，直角のかどに円が通らないすき間ができることに注意すると，求める部分は，1 辺 1cm の正方形が 7 個と，半径 1cm の半円が 2 個，半径 1cm，中心角 90°のおうぎ形が 1 個からできています。

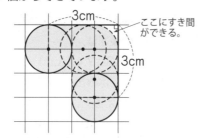

したがって，面積は，
(1×1)×7+(1×1×3.14÷2)×2+1×1×
3.14÷4=7+3.14+0.785=10.925(cm²)

2　次の図のように，円が通過する部分は，縦 4cm，横 15cm の長方形 2 個と，縦 10cm，横 4cm の長方形 2 個と，半径 4cm，中心角 90°のおうぎ形 4 個（合わせると 1 つの円になる）からできています。

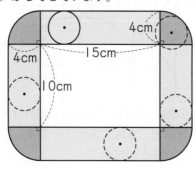

したがって，面積は，
(4×15)×2+(10×4)×2+4×4×3.14
=120+80+50.24=250.24(cm²)

3　次の図のように，円が通過する部分は，縦 2cm，横 4cm の長方形 2 個と，半径 2cm，中心角 90°のおうぎ形 3 個と，半径 6cm，中心角 90°のおうぎ形から半径 4cm，中心角 90°のおうぎ形をひいた部分でできています。

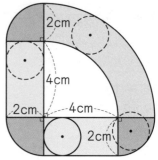

したがって，面積は，
(2×4)×2+(2×2×3.14÷4)×3
+(6×6×3.14÷4−4×4×3.14÷4)
=16+9.42+15.7=41.12(cm²)

4　⑴円の中心が動いてできる線は，6cm，5cm，4cm の直線と，かどを曲がる部分の曲線（3 つ合わせると半径 1cm の円になる）だから，長さは，6+5+4+2×3.14=21.28(cm)

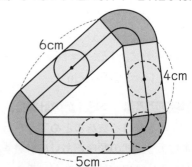

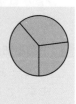

⑵円が通過する部分は，長方形 3 個と合わせて 1 つの円になる 3 つのおうぎ形だから，面積は，
2×6+2×5+2×4+2×2×3.14
=42.56(cm²)

● **10日 20〜21ページ**

① (1)16cm² (2)10cm²

② (1)3：5 (2)18.75cm²

③ (1)2：5 (2)56cm²

④ 181.08cm²

⑤ 90.96cm²

⑥ (1)32cm (2)15.44cm²

|解き方|

① (1)三角形 ABF の面積は，8×8÷2=32（cm²）です。AD：DB=1：1 だから，三角形 ADF の面積は，$32×\frac{1}{2}=16$（cm²）

(2)三角形 DBF の面積も 16cm² で，BE：EF=3：5 だから，三角形 DEF の面積は，$16×\frac{5}{8}=10$（cm²）

② (1)三角形 AFD と三角形 EFB は相似な三角形なので，BF：FD=BE：AD=6：10=3：5

(2)三角形 DBE の面積は，6×10÷2=30（cm²）です。BF：FD=3：5 だから，三角形 DFE の面積は，$30×\frac{5}{8}=\frac{75}{4}=18.75$（cm²）

③ (1)AF：FC=（三角形 AFD）：（三角形 FCD）=16：40=2：5

(2)㋒の面積は AB を底辺と考えると三角形 ABE の面積と等しいことがわかるから，平行四辺形 ABED の面積の半分です。また，三角形 ACD（㋐+㋑）の面積も平行四辺形 ABED の面積の半分です。よって，㋒=㋐+㋑=16+40=56（cm²）

④ 求める部分の面積は，おうぎ形 CB'B から，三角形 ABC と C を中心とする半径 6cm のおうぎ形をひけば求められます。C を中心とする半径 6cm のおうぎ形は，中心角が 120°−90°=30° だから，15×15×3.14÷3−15×6÷2−6×6×3.14÷12=235.5−45−9.42=181.08（cm²）

⑤ 求める部分は，半径 6cm，中心角 120° のおうぎ形 2 個と，1 辺 6cm の正三角形 1 個からできています。

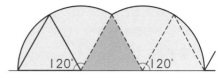

したがって，その面積は，(6×6×3.14÷3)×2+6×5.2÷2=90.96（cm²）

⑥ (1)円の中心は，縦 6cm，横 10cm の長方形をえがきます。したがって，その長さは，(10+6)×2=32（cm）

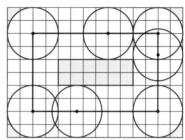

(2)円が通らない部分は，図で色がついた部分で，中央の長方形の部分が，2×6=12（cm²），4 つのかどにある部分が，(2×2−2×2×3.14÷4)×4=3.44（cm²）よって，12+3.44=15.44（cm²）

● **11日 22〜23ページ**

①452 ②136 ③72 ④512 ⑤440

① (1)960cm³ (2)1120cm²

② (1)160cm³ (2)240cm²

③ (1)152cm³ (2)216cm²

|解き方|

① (1)(2×10×12)×4=960（cm³）

(2)直方体 1 個の表面積は，(2×10+12×10+12×2)×2=328（cm²）ですが，重なる部分（縦 12cm，横 2cm の長方形 8 個分）があるので，この立体の表面積は，328×4−24×8=1120（cm²）

② (1)1 辺が 2cm の立方体が，上から順に，1 段目に 1 個，2 段目に 3 個，3 段目に 6 個，4 段目に 10 個，合計 20 個積み重ねてあるので，体積は，(2×2×2)×20=160（cm³）

(2)立方体どうしが重なっている部分が何か所あるかがわかりにくいので，直接，表面積を求めてみます。立方体の面は，上，下，左，右，前，後のどれかの方向を向いているので，それぞれ

に分けて数えると，次の図のように，どの方向を向いている面も正方形10個であることがわかります。

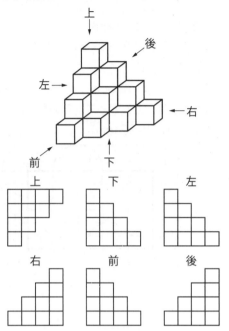

1つの正方形の面積は，$2\times2=4$（cm^2）なので，この立体の表面積は，
$4\times10\times6=240$（cm^2）

> 【チェックポイント】 このように，立体を「上下前後左右」の6方向から見て表面積を求める方法は，■の問題でも有効です。上下を向いている面の面積がそれぞれ80cm^2，前後左右を向いている面の面積がそれぞれ240cm^{2}だから，表面積は，$80\times2+240\times4=1120$（cm^2）と求めることができます。

③ (1)$6\times6\times6-(2\times2\times2)\times8=152$（cm^3）
(2)「上下左右前後」のどの方向から見ても，見える面の面積は，$6\times6=36$（cm^2）です。よって，この立体の表面積は，$36\times6=216$（cm^2）

> 【チェックポイント】 直方体（または立方体）のかどから直方体（または立方体）を切り取っても，表面積は変わりません。

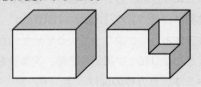

● **12日 24～25ページ**

①6　②864　③100　④25　⑤5　⑥1603

１ (1)448cm^2　(2)539cm^3

２ (1)64cm^2　(2)68cm^2

３ (1)672cm^3　(2)920cm^2

解 き 方

１ (1)大きい立方体の体積は，
$8\times8\times8=512$（cm^3）だから，小さい立方体の体積は，$576-512=64$（cm^3）になります。$64=4\times4\times4$ だから，小さい立方体の1辺の長さは4cmとわかります。これより，表面積は，$(8\times8)\times6+(4\times4)\times4=448$（cm^2）
(2)大きい立方体の表面積は，
$(8\times8)\times6=384$（cm^2）だから，
$420-384=36$（cm^2）は，小さい立方体の4つの側面の面積の合計です。
したがって，小さい立方体の1辺の長さは，$36\div4=9$，$9=3\times3$ より 3cmとわかるので，体積は，$8\times8\times8+3\times3\times3=539$（cm^3）

２ (1)図1の立方体の表面積は，
$(3\times3)\times6=54$（cm^2）立方体をくりぬいたことにより，上下の表面が1cm^{2}ずつ減りますが，そのかわり，くりぬいた部分に側面ができ，それが12cm^{2}あります。よって，図2の立体の表面積は，$54-(1\times2)+12=64$（cm^2）
(2)図2の立体からさらに横の面をくりぬくと，立方体の左右の表面が1cm^{2}ずつ減り，もとのくりぬいた部分からも左右1cm^{2}ずつ減ります。そのかわり，新しくくりぬいた部分に合計8cm^{2}の側面ができます。したがって，図3の立体の表面積は，$64-(1\times4)+8=68$（cm^2）

３ (1)192cm^{2}は⑦の面の面積の2倍，168cm^{2}は④の面の面積の2倍，112cm^{2}は⑦の面の面積の2倍です。
右の図のように，縦，横，高さをそれぞれ□cm，○cm，△cmとすると，

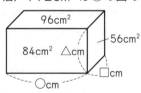

$□\times○=192\div2=96$ ……①
$○\times△=168\div2=84$ ……②
$△\times□=112\div2=56$ ……③

②×③÷① は，

(○×△×△×□)÷(□×○)＝△×△ なので，

84×56÷96＝49 より，△＝7

○＝84÷7＝12，□＝56÷7＝8

したがって，この直方体の体積は，

8×12×7＝672（cm³）

(2)⑦の面と平行な面で1回切ると，表面積は

112cm² 増えます。5つの直方体に分けたと

いうことは，4回切ったということなので，表

面積は，112×4＝448（cm³）増えます。し

たがって，5つの直方体の表面積の和は，

(96+84+56)×2+448＝920（cm²）

● **13日 26〜27ページ**

①6　②18.84　③3　④72　⑤226.08

⑥56.52　⑦150.72　⑧207.24

1 (1)5cm　(2)439.6cm²

2 502.4cm³

3 (1)188.4cm³　(2)213.52cm²

4 (1)20.56cm²　(2)37.68cm³　(3)80.52cm²

解き方

1 (1)底面の円の面積は，

706.5÷9＝78.5（cm²）で，

78.5＝□×□×3.14 より，□＝5（cm）

(2)底面積が2つで，

(5×5×3.14)×2＝157（cm²），

側面積が，(10×3.14)×9＝282.6（cm²）

合わせて，157+282.6＝439.6（cm²）

2 右の図のように，求める

立体は，高さが20cm

の円柱を2等分したも

のです。

したがって，体積は，

(4×4×3.14×20)÷2

＝502.4（cm³）

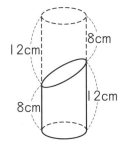

3 (1)上側の円柱の体積は，

2×2×3.14×3＝12×3.14（cm³）

下側の円柱の体積は，

4×4×3.14×3＝48×3.14（cm³）だから，

この立体の体積は，

(12+48)×3.14＝60×3.14＝188.4（cm³）

(2)上側の円柱の側面積は，

4×3.14×3＝12×3.14（cm²）

下側の円柱の側面積は，

8×3.14×3＝24×3.14（cm²）

下側の円柱の底面の円の面積は，

4×4×3.14＝16×3.14（cm²）

上から見たときに見える円の面積は，

4×4×3.14＝16×3.14（cm²）だから，

この立体の表面積は，

(12+24+16+16)×3.14＝68×3.14

＝213.52（cm²）

> **チェックポイント** 上を向いている面は2段に
> なっていますが，真上から見ると半径4cmの
> 円（底面と同じ）になります。

4 (1)右の図で，⑦の面積は，

2×2×3.14÷4＝3.14（cm²）

①の面積は，2×2＝4（cm²）

⑦の面積は，4×3.14÷4×2

＝2×3.14（cm²）

よって，表面積は，

3.14×2+4×2+2×3.14＝20.56（cm²）

(2)図1の立体6個分の体積だから，

(2×2×3.14÷4×2)×6＝37.68（cm³）

(3)図2の立体の表面積は，(1)の図で⑦，①，⑦

にあたる部分がそれぞれ6か所ずつあるので，

表面積は，

(3.14+4+6.28)×6＝80.52（cm²）

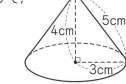

● **14日 28〜29ページ**

①8　②3　③301.44　④6　⑤60　⑥301.44

1 (1)37.68cm³　(2)75.36cm²

2 (1)200.96cm³　(2)188.4cm²

3 (1)263.76cm³　(2)282.6cm²

解き方

1 (1)右の図のような円すいで，

体積は，

3×3×3.14×4÷3

＝37.68（cm³）

(2)表面積は，

3×3×3.14+5×3×3.14＝24×3.14

＝75.36（cm²）

2 1回転させてできる
立体は，右の図のよ
うな円柱の上に円す
いをのせた形をした
立体です。

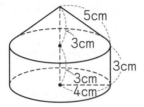

(1)4×4×3.14×3+4×4×3.14×3÷3
=64×3.14=200.96(cm³)

(2)円柱部分の底面積は，
4×4×3.14=16×3.14(cm²)，
円柱部分の側面積は，
8×3.14×3=24×3.14(cm²)，
円すい部分の側面積は，
5×4×3.14=20×3.14(cm²) だから，
(16+24+20)×3.14=60×3.14
=188.4(cm²)

3 1回転させてできる
立体は，右の図のよ
うに，円すいの先か
ら円すいを切り取っ
た形をした立体です。
三角形 APC と三角
形 AOB は相似だから，

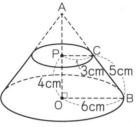

AP：AO=AC：AB=PC：OB=1：2
よって，AP：PO=AC：CB=1：1 となるので，
AP=4cm，AC=5cm

(1)6×6×3.14×8÷3−3×3×3.14×4÷3
=(96−12)×3.14=263.76(cm³)

(2)底面の円の面積は，
6×6×3.14=36×3.14(cm²)，
上面の円の面積は，
3×3×3.14=9×3.14(cm²)，
側面積は大きいおうぎ形の面積から小さいおう
ぎ形の面積をひいて，
10×6×3.14−5×3×3.14
=45×3.14(cm²) だから，
(36+9+45)×3.14=282.6(cm²)

● **15日 30〜31ページ**

① (1)144cm³ (2)5.5cm
② (1)1920cm³ (2)1152cm²
③ 113.04cm³
④ (1)5：7 (2)1：5

⑤ 72cm²
⑥ (1)2cm (2)678.24cm³

〔**解き方**〕

① (1)この立体の展開図は次のようになります。

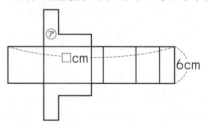

展開した長方形の横の長さ（□cm）は面㋐の
まわりの長さと同じで，(6+8)×2=28(cm)
だから，側面積は，6×28=168(cm²) です。
したがって，表面積が216cm²のとき，面㋐
の面積は，(216−168)÷2=24(cm²) とわ
かります。これより，体積は，
24×6=144(cm³)

(2)体積が156cm³のとき，面㋐の面積は，
156÷6=26(cm²)
このとき，右の図
より，
6×8−4×x=26，
48−4×x=26，
4×x=22，x=5.5

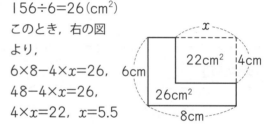

┌─────────────────────┐
│ ◀ **チェックポイント** 次の2つの図形は，まわり │
│ の長さが同じです。   │
│   │
│ 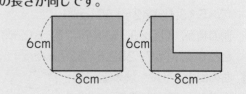   │
└─────────────────────┘

② (1)上から1段目に1個，2段目に4個，3段
目に9個，4段目に16個の立方体があるので，
合計 (1+4+9+16)=30(個) 積んでありま
す。立方体1個の体積は，4×4×4=64(cm³)
だから，64×30=1920(cm³)

(2)この立体を「前後左右上下」から見ると，前後
左右からはそれぞれ10個の，上下からはそれ
ぞれ16個の面が見えます。したがって，表面
積は1辺が4cmの正方形の面積16cm²の
10×4+16×2=72(個)分になるので，
16×72=1152(cm²)

❸ この立体は，底面の半径が 3cm，高さ 8cm の円柱を，ななめに半分に切ったものです。したがって，体積は，
(3×3×3.14×8)÷2 ＝113.04(cm³)

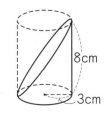

❹ 1：2 に分けやすいように，仮に立方体の1辺の長さを 3 として考えます。
(1)体積の比が 1：2 になるように分けたとき，次の図のような長さになるので，A の表面積は，
(3×3)×2+(1×3)×4=30，B の表面積は，
(3×3)×2+(2×3)×4=42 になります。したがって，表面積の比は，30：42＝5：7

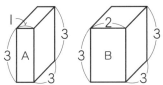

(2)どのように切っても，A と B の表面積の和は，はじめの立方体の表面積＋切り口の正方形2つ分の面積になります。よって，正方形の面 8 つ分になり，(3×3)×8=72 になります。これを 1：2 に分けると，A の表面積が 24 になります。A の表面積のうち，面積が 9 の正方形の面が 2 つあるので，残りの側面 1 つ（図で，A とかかれた面）の面積は，
(24−9×2)÷4=1.5 になり，この面の横の長さは，1.5÷3=0.5 です。したがって，A と B の体積の比は，
0.5：(3−0.5)＝1：5

❺ まず，縦のあなを開けると，立方体の表面から 2cm² なくなり，そのかわりにあなの側面に新しく 3cm² の面が 4 つできるので，表面積は 10cm² 増えます。次に，横のあなを開けると，立方体の表面から 2cm²，縦のあなの側面から 2cm² なくなり，そのかわりあなの側面に新しく 1cm² の面が 8 つできるので，表面積は 4cm² 増えます。もう 1 つの横のあなをあけたときも同様に表面積は 4cm² 増えます。したがって，3 つのあなを開けたことにより，表面積は，10+4+4=18(cm²) 増えることになります。はじめの立方体の表面積は，

(3×3)×6=54(cm²) だから，この立体の表面積は，54+18=72(cm²)

❻ (1)BC=8−6=2(cm)
(2)回転させてできる立体は，右の図のように円柱から円すいをくりぬいた形をした立体です。

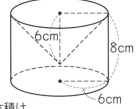

よって，この立体の体積は，
6×6×3.14×8−6×6×3.14×6÷3
=216×3.14=678.24(cm³)

● **16日 32 ～ 33 ページ**
①2　②12　③4　④48　⑤72
1 72 通り
2 6 通り
3 12 通り
4 15 通り

解き方
1 4 色で 5 か所をぬるのだから，A，B，C，D，E のうち 2 か所は同じ色でぬることになります。その 2 か所は，(A と D)，(A と E)，(B と E) の 3 通りあります。例えば，A と D を同じ色にする場合，(A と D)，B，C，E のぬり方が，4×3×2×1=24(通り) あり，A と E，B と E を同じ色にする場合も 24 通りずつあるので，ぬり方は全部で，24×3=72(通り)

2 3 色しか使えないので，A と D は同じ色，しかも，B と E も同じ色にぬらなければなりません。また，C にはそれらと異なる色をぬらなければなりません。したがって，(A と D)，(B と E)，C の 3 か所を異なる色でぬると考えて，ぬり方は全部で，3×2×1=6(通り)

3 次のように，12 通りあります。

100円	3	3	2	2	2	1	1
50円	2	1	4	3	2	6	5
10円	2	7	2	7	12	17	2	7

	1	1	1	1
	4	3	2	1
	12	17	22	27

4 3 と同じように, 表を使って数えることもでき
ますが, まず, A, B, C の箱に 1 個ずつボー
ルを入れておいて, 残りの 4 個のボールを箱
に入れることにすると,
(A, B, C)＝(4, 0, 0), (0, 4, 0), (0, 0, 4),
(3, 1, 0), (3, 0, 1), (1, 3, 0), (1, 0, 3),
(0, 3, 1), (0, 1, 3), (2, 2, 0), (2, 0, 2),
(0, 2, 2), (2, 1, 1), (1, 2, 1), (1, 1, 2)
の 15 通りとわかります。

● 17 日 34 〜 35 ページ
①4　②4　③3　④48　⑤30
1 10 通り
2 18 通り
3 (1)72 通り　(2)42 通り
4 10 通り
5 69 個

解き方

1 5 の倍数になるのは, 一の位のカードが 0 か
5 のときです。一の位が 0 のとき, 百の位は 1,
3, 5 の 3 通り, 十の位は 0 と百の位に使っ
たカード以外の 2 通りだから, 3×2＝6(通り)
一の位が 5 のとき, 百の位は, 1, 3 の 2 通り,
十の位は 5 と百の位に使ったカード以外の 2
通りだから, 2×2＝4(通り)
したがって, 全部で 6＋4＝10(通り)

2 できる 3 けたの整数を小さい順に書き並べて
いくと, 112, 113, 121, 123, 131,
132, 133, 211, 213, 231, 233,
311, 312, 313, 321, 323, 331,
332 の 18 通りです。

3 (1)十の位の数字が 9 通り, 一の位の数字が 8
通りあるので, 9×8＝72(通り)
(2)十の位と一の位の数字の積が 3 の倍数になら

ないものは, 十の位と一の位の数字がどちらも
3 の倍数でないもの (1, 2, 4, 5, 7, 8)
だから, 6×5＝30(通り) あります。したがっ
て, 十の位と一の位の数字の積が 3 の倍数に
なるものは, 72−30＝42(通り)

4 百の位の数字が 2 のもの, 3 のもの, 4 のも
のとに分けて書き並べると, 210, 310,
320, 321, 410, 420, 421, 430,
431, 432 の 10 通りです。

5 450 より大きい整数は,

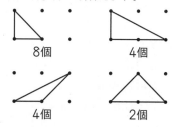

　　6□□……6×5＝30(通り)
　　5□□……6×5＝30(通り)
　　4 6 □……5 通り
　　4 5 □……4 通り
全部で, 30＋30＋5＋4＝69(個)

● 18 日 36 〜 37 ページ
①9　②4　③4　④2　⑤20
1 18 個
2 50 個
3 (1)21 個　(2)24 個
4 (1)28 個　(2)12 個

解き方

1 三角形の形で分類して数えます。

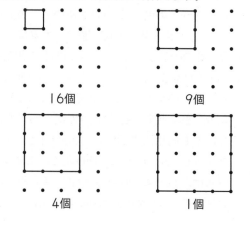

8 個　　　4 個

4 個　　　2 個

全部で 18 個あります。

2 正方形の大きさで分類して数えます。

16 個　　　9 個

4 個　　　1 個

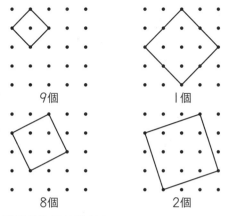

9個　　　　　　　　1個

8個　　　　　　　　2個

全部で 50 個あります。

3 (1) A のほかに B ～ H の 7 つの点から（順番は
関係なく）2 つの点を選べばよいので，
B と C ～ H の 6 組，C と D ～ H の 5 組，D
と E ～ H の 4 組，E と F ～ H の 3 組，F と G，
H の 2 組，G と H の 1 組あります。全部で，
6+5+4+3+2+1=21（個）

(2) 右の図のように，A
を頂点とする二等辺
三角形は 3 個でき
ます。B ～ H を頂点
とする二等辺三角形
もそれぞれ 3 個ず
つでき，それらはす
べて異なる三角形なので，全部で
3×8=24（個）

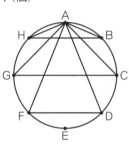

4 (1) 形で分類して数えます。

16個　　　　8個　　　　4個

全部で 28 個あります。

(2) 形で分類して数えます。

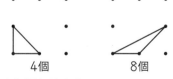

4個　　　　8個

全部で 12 個あります。

●**19日 38 ～ 39 ページ**
①5　②8　③13　④21　⑤34

1 (1)5 通り　(2)89 通り

---

2 (1)8 通り　(2)34 通り

3 56

解き方

1 (1) 次のように，5 通りあります。

(2) 縦 2m，横 5m の部屋にたたみをしきつめると
き，左はしからしきつめていくとすると，次の
2 つの場合に分かれます。

・左はしのたたみが縦向きのとき
→あと 4m をしきつめればよいので，5 通り

4m
5通り

・左はしのたたみが横向きのとき
→あと 3m をしきつめればよいので，3 通り

3m
3通り

よって，縦 2m，横 5m の部屋にたたみをしき
つめる方法は，3+5=8（通り）です。
このように考えていくと，
横が 6m のときは，5+8=13（通り）
横が 7m のときは，8+13=21（通り）
横が 8m のときは，13+21=34（通り）
横が 9m のときは，21+34=55（通り）
横が 10m のときは，34+55=89（通り）

2 (1) 次の 8 通りです。

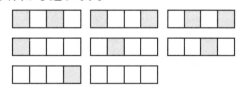

(2) マス目が 3 つのときは，次の 5 通りです。

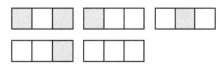

マス目が 5 つのとき，左はしからぬりつぶし
ていくとすると，
・左はしが黒のとき，となりは白と決まってい

るので，それ以外の 3 か所をぬりつぶすこ
とになる→ 5 通り
・左はしが白のとき，それ以外の 4 か所をぬ
りつぶすことになる→ 8 通り
したがって，マス目が 5 つのときのぬりつぶ
し方は，5＋8＝13（通り）です。
このように考えていくと，
マス目が 6 つのとき，8＋13＝21（通り）
マス目が 7 つのとき，13＋21＝34（通り）

◆チェックポイント▶
1，1，2，3，5，8，13，21，34，55，89，……
のように前の 2 つの数をたすと次の数になる
数の列をフィボナッチ数列といいます。

3 図の中にかかれている 3
本の直線すべてと交わる
4 本目の直線をかくと，
直線と直線の交わる点が
3 つ増えて，その結果，

4本目の直線

新しく 4 つの部分ができ，合計 11 の部分に
分かれます。さらに 5 本目の直線をかくと，
新しく 5 つの部分ができ，合計 16 の部分に
分かれます。このように考えていくと，
6 本目の直線をかいたとき，16＋6＝22
7 本目の直線をかいたとき，22＋7＝29
8 本目の直線をかいたとき，29＋8＝37
9 本目の直線をかいたとき，37＋9＝46
10 本目の直線をかいたとき，46＋10＝56
の部分に分かれます。

●20日 40 〜 41 ページ
1 (1)100 通り (2)52 通り (3)36 通り
2 (1)6 通り (2)12 通り
3 (1)6 通り (2)48 通り
4 (1)44 個 (2)36 個
5 (1)8 通り (2)89 通り
6 (1)3 個 (2)27 個
解き方
1 (1)百の位は 0 以外の 5 通り，十の位は百の位
に使った数字以外の 5 通り，一の位は百の位
と十の位に使った数字以外の 4 通りだから，
5×5×4＝100（通り）

(2)奇数が何通りできるかを求めます。
一の位は 1，3，5 の 3 通り，百の位は 0 と
一の位に使った数字以外の 4 通り，十の位は
百の位と一の位に使った数字以外の 4 通りだ
から，3×4×4＝48（通り）
したがって，偶数は，100−48＝52（通り）
(3)5 の倍数にならないものが何通りできるかを求
めます。一の位は 1，2，3，4 の 4 通り，百
の位は 0 と一の位に使った数字以外の 4 通り，
十の位は百の位と一の位に使った数字以外の 4
通りだから，4×4×4＝64（通り）です。
したがって，5 の倍数は，100−64＝36（通り）

2 (1)2，4，6 から 2 枚選ぶか，または，1，3，
5 から 2 枚選べばよいので，（2，4），（2，6），
（4，6），（1，3），（1，5），（3，5）の 6 通りで
す。
(2)奇数を 2 枚選んだとき（（1，3），（1，5），（3，5）
の 3 通り）以外は，積が偶数になります。2
枚の選び方は全部で，6×5÷2＝15（通り）あ
るので，15−3＝12（通り）

◆チェックポイント▶ 2 枚の並べ方は，十の位が
6 通り，一の位が 5 通りあるので，
6×5（通り）になります。
この中には，12 と 21，56 と 65 のように，
2 枚の選び方としては同じものが 2 つずつあ
ります。したがって，選び方は 6×5÷2 で求
めることができます。

3 (1)ア，（イとエ），（ウとオ）の 3 か所を異なる
色でぬることになります。したがって，
3×2×1＝6（通り）
(2)イ，ウ，エ，オをすべて異なる色にすると，ア
にぬる色がなくなってしまうので，（イとエ）
または（ウとオ）を同じ色にする必要がありま
す。したがって，
ア，（イとエ），ウ，オを異なる色でぬる場合は，
4×3×2×1＝24（通り）
ア，イ，（ウとオ），エを異なる色でぬる場合は，
4×3×2×1＝24（通り）
よって，24＋24＝48（通り）

4 (1)次のように分類して数えます。

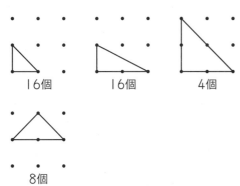

16個　　　16個　　　4個

8個

全部で 44 個あります。

(2)次のように分類して数えます。

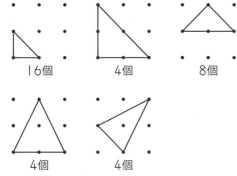

16個　　　4個　　　8個

4個　　　4個

全部で 36 個あります。

⑤ (1)答えが 5 になる式のうち，
　・「2+……」となるものは，……のところに
　　和が 3 になる式を入れればよいので，
　　1+1+1, 1+2, 2+1 の 3 通り
　・「1+……」となるものは，……のところに
　　和が 4 になる式を入れればよいので，問題
　　の例に示された 5 通り
　　したがって，3+5=8（通り）

(2)(1)と同じように考えると，
　答えが 6 になる式は，5+8=13（通り）
　答えが 7 になる式は，8+13=21（通り）
　答えが 8 になる式は，13+21=34（通り）
　答えが 9 になる式は，21+34=55（通り）
　答えが 10 になる式は，34+55=89（通り）

⑥ (1)正三角形は，三角形 AGD，三角形 BHE,
　三角形 CIF の 3 個です。

(2)右の図のように，A
　を頂点とする正三角形
　でない二等辺三角形は
　3 通りあります。同様
　に，B〜I を頂点とす
　る二等辺三角形も 3 個

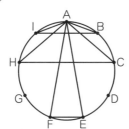

ずつあるので，全部で，3×9=27（個）

● 21 日 42 〜 43 ページ

①47　②12　③35　④350

1 250 人

2 735 円

3 126 人

4 775 人

5 (1)2000 円　(2)1600 円

6 120cm

解き方

1 図で表すと次のようになります。

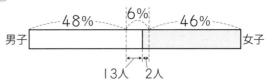

13+2=15（人）が生徒全体の
100−(48+46)=6（%）にあたることがわ
かるので，全生徒数を□人とすると，
□×0.06=15 より，
□=15÷0.06=250（人）

2 図で表すと次のようになります。

図より，持っていたお金の $1-\dfrac{5}{7}=\dfrac{2}{7}$ が，

150+60=210（円）にあたることがわかる
ので，持っていたお金を□円とすると，

$$□×\dfrac{2}{7}=210$$

$$□=210÷\dfrac{2}{7}=210×\dfrac{7}{2}=735（円）$$

3 図で表すと次のようになります。

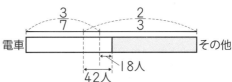

図より，全体の $\dfrac{3}{7}+\dfrac{2}{3}-1=\dfrac{2}{21}$ にあたる人

数が，42−18=24（人）であることがわかる

ので，全体の人数は，$24 \div \dfrac{2}{21} = 252$（人）です。したがって，電車で通学している人は，

$252 \times \dfrac{3}{7} + 18 = 126$（人）

4 生徒全体の $\dfrac{3}{5}$ が下校した残りの $\dfrac{7}{10}$ とは，生徒全体の $\left(1 - \dfrac{3}{5}\right) \times \dfrac{7}{10} = \dfrac{7}{25}$ です。したがって，下校した人は全体の $\dfrac{3}{5} + \dfrac{7}{25} = \dfrac{22}{25}$ より 8 人多く，まだ 85 人が残っていることから，$8 + 85 = 93$（人）が全体の

$1 - \dfrac{22}{25} = \dfrac{3}{25}$ にあたることがわかります。

よって，全生徒数は，$93 \div \dfrac{3}{25} = 775$（人）

5 (1)定価の 15% 引きと，定価の 24% 引きのちがいは定価の 9% です。これが，100 円の利益と 80 円の損失とのちがい（＝180 円）にあたるので，定価は，$180 \div 0.09 = 2000$（円）
(2)2000 円の 15% 引きは，
$2000 \times (1 - 0.15) = 1700$（円）
1700 円で売ると 100 円の利益があるのだから，仕入れ値は 1600 円です。

6 棒 A の長さの $1 - \dfrac{1}{5} = \dfrac{4}{5}$，棒 B の長さの

$1 - \dfrac{2}{5} = \dfrac{3}{5}$ はどちらもプールの深さと等しいので，プールの深さを 4 と 3 の最小公倍数の ⑫ とします。棒 A の長さは ⑫$\div \dfrac{4}{5} = $ ⑮ となります。棒 B の長さは ⑫$\div \dfrac{3}{5} = $ ⑳ となります。

⑳と⑮の差の⑤が 50cm にあたるので，①は 10cm を表すことがわかります。したがって，プールの深さは，$10 \times 12 = 120$（cm）

● 22日 44〜45 ページ
①2000　②5　③400　④4800
1 4000 円
2 4900 円
3 4800 円

4 48 才
5 4800 円

解き方

1 2 人の持っている所持金の和を 3 と 30 の最小公倍数の㉚とすると，次のような図になります。

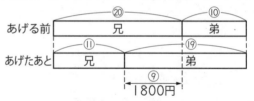

図より，⑨＝1800 円 だから，
①＝$1800 \div 9 = 200$（円）です。したがって，兄のはじめの所持金は，$200 \times 20 = 4000$（円）

2 A さんが B さんに 400 円渡す前と渡したあとで，2 人の所持金の和は変わりません。
そこで，$7 + 2 = 9$，$5 + 2 = 7$ より 2 人の持っている所持金の和を 9 と 7 の最小公倍数の㉓とすると，渡す前の所持金の比は，
A：B＝7：2＝㊾：⑭
渡したあとの所持金の比は，
A：B＝5：2＝㊺：⑱
すると，比の ㊾－㊺＝④ にあたる金額が 400 円とわかるので，比の①は 100 円を表すことになります。したがって，A さんのはじめの所持金は，$100 \times 49 = 4900$（円）

3 2 人とも同じ金額ずつお金を使ったのだから，お金を使う前と使ったあとで，2 人の所持金の差は変わりません。そこで，$4 - 3 = 1$，$7 - 4 = 3$ より，2 人の持っている所持金の差を 1 と 3 の最小公倍数の③にそろえます。
お金を使う前の所持金の比は，
ふみか：妹 ＝4：3＝⑫：⑨
お金を使ったあとの所持金の比は，
ふみか：妹 ＝⑦：④
図に表すと，次のようになります。

すると，比の ⑫－⑦＝⑤ にあたる金額が 2000 円とわかるので，比の①は，

$2000 \div 5 = 400$（円）を表します。したがって，ふみかさんのはじめの所持金は，
$400 \times 12 = 4800$（円）

4 何年たっても，2人の年令の差は変わりません。そこで，$3-1=2$，$7-3=4$ より，2人の年令の差を2と4の最小公倍数の④にそろえます。現在の年令の比は，
だいち：父 $=1:3=②:⑥$
8年後の年令の比は，だいち：父 $=③:⑦$
すると，比の $③-②=①$ が8才を表すことになるので，現在のお父さんの年令は，
$8 \times 6 = 48$（才）

◆チェックポイント▶ 例えば，問題に $1:3$ という比があたえられているとき，これは，$2:6$ とも $3:9$ ともおきかえて使うことができます。問題の内容（和が一定，差が一定など）に合わせて比を使えるようにしましょう。

5 りょうこさんが800円使ったあとと，妹が800円使ったあとで，2人の所持金の和は変わりません。いま，比の和はどちらも19になっています。したがって，比の $12-10=2$ が800円を表すことになるので，比の1にあたる金額は，$800 \div 2 = 400$（円）です。したがって，りょうこさんの所持金は，
$400 \times 12 = 4800$（円）

● **23日 46〜47ページ**

①60　②5　③12　④3　⑤42　⑥18　⑦9　⑧5

1 (1)18日　(2)5日
2 (1)27時間　(2)10時間
3 (1)30分　(2)5分
4 (1)8日目　(2)6日

解き方

1 (1)仕事全体の量を30と45の最小公倍数の90とします。1日あたりAさんは，$90 \div 30 = 3$，Bさんは，$90 \div 45 = 2$ の仕事をします。2人ですると，1日あたり，$3+2=5$ の仕事をすることになるので，$90 \div 5 = 18$（日）
(2)Aさんは20日間仕事をしたので，$3 \times 20 = 60$ の仕事をしたことになります。残

りの，$90-60=30$ の仕事をBさんがしたことになるので，Bさんは，$30 \div 2 = 15$（日）仕事をしたことがわかります。よって，Bさんは20日のうち5日休んだことになります。

2 (1)仕事全体の量を，24と30の最小公倍数の120とします。1時間あたり，Aの機械は，$120 \div 24 = 5$，Bの機械は，$120 \div 30 = 4$ の仕事をします。はじめの12時間で機械Aがする仕事の量は，$5 \times 12 = 60$ だから，残りの，$120-60=60$ の仕事を機械Bがすることになり，かかる時間は，$60 \div 4 = 15$（時間）です。したがって，全部でかかる時間は，$12+15=27$（時間）
(2)仮に，26時間ずっと機械Aだけで仕事をしたとすると，$5 \times 26 = 130$ の仕事をすることになり，$130-120=10$ だけ実際の仕事の量より多くなります。機械Aを機械Bに変えると，1時間あたり，$5-4=1$ ずつ仕事の量が少なくなることから，機械Bを使った時間は，$10 \div 1 = 10$（時間）

3 (1)水そういっぱいの水の量を，20と12の最小公倍数の60とします。1分あたりに出る水の量は，A管が，$60 \div 20 = 3$，A管とB管を合わせると，$60 \div 12 = 5$ だから，B管からは，$5-3=2$ の水が出ることがわかります。したがって，B管だけで水を入れたときにかかる時間は，$60 \div 2 = 30$（分）
(2)A管2本とB管3本で，1分あたり，$3 \times 2 + 2 \times 3 = 12$ の水が出るので，満水になるのにかかる時間は，$60 \div 12 = 5$（分）

4 (1)仕事の量を，36，18，12の最小公倍数の36とすると，1日あたり，Aさんは1，Bさんは2，Cさんは3の仕事をすることになります。BさんとCさんが2人ですると，1日あたり，$2+3=5$ の仕事をするので，かかる日数は，$36 \div 5 = 7.2$（日）となります。これは，仕事が8日目に終わることを表しています。
(2)AさんとCさんは8日間ずっと仕事をしたので，$(1+3) \times 8 = 32$ の仕事をしたことになります。すると，残りの，$36-32=4$ の仕事をBさんがしたことになり，Bさんが仕事をした日数は，$4 \div 2 = 2$（日）です。よって，Bさんは8

日のうち6日休んだことになります。

● 24日 48～49ページ

① ⑫　② 4　③ ③　④ ㉚　⑤ ⑩　⑥ 3

1 3分

2 (1)3　(2)20　(3)4日

3 (1)16人　(2)1800人　(3)9つ

解き方

1 ポンプ1台が1分間にくみ出す水の量を①とすると，ポンプ5台で15分間にくみ出した水の量は，①×5×15=⑮，ポンプ7台で5分間にくみ出した水の量は，
①×7×5=㉟　となり，その差の㊵は，
15－5=10（分間）に井戸からわき出た水の量です。したがって，井戸からは1分間に，
㊵÷10=④　の水がわき出ていることになるので，はじめにあった水の量は，
⑮－④×15=⑮　です。ポンプ9台を使うと，1分間に　⑨－④=⑤　ずつ水が減っていくので，からになるのにかかる時間は，⑮÷⑤=3（分）

2 (1)5頭の馬が10日間に食べる草の量は，
1×5×10=50，7頭の馬が5日間に食べる草の量は，1×7×5=35　だから，その差の15は，10－5=5（日間）ではえてきた草の量を表します。したがって，1日にはえる草の量は，15÷5=3
(2)50－3×10=20
(3)馬を8頭放牧すると，1日につき，8－3=5ずつ草がなくなっていくので，20÷5=4（日）

3 (1)窓口1つで1分あたりに受け付ける人数を①とすると，窓口3つで1時間15分で受け付ける人数は，①×3×75=㊷，窓口4つで45分で受け付ける人数は，
①×4×45=⑱　となり，その差の㊺が，
75－45=30（分間）にやってきた人数
24×30=720（人）にあたります。したがって，①=720÷45=16（人）
(2)3つの窓口が1時間15分で受け付けた人数は，16×3×75=3600（人），やってきた人数は，24×75=1800（人）だから，はじめに並んでいたのは，
3600－1800=1800（人）

(3)はじめに並んでいる1800人を15分でなくすためには，1分間に，
1800÷15=120（人）ずつ減らしていかなければなりません。窓口の数を□にすると，1分間に，16×□（人）ずつ受け付けることができますが，行列が24人ずつ増えていくことを考えると，16×□=120+24=144　これにあてはまる数を求めて，□=9

別解 15分間に受け付ける人数は，
1800+24×15=2160（人）
窓口の数を□にして，15分で行列がなくなるためには，16×□×15=2160　より，□=9

● 25日 50～51ページ

① (1)480　(2)1.96

② (1)40　(2)30　(3)35

③ (1)60日　(2)28日

④ 6分後

⑤ 25分

⑥ 5分

解き方

① (1)20%→$\frac{1}{5}$　より，生徒全体の，$1-\left(\frac{1}{5}+\frac{3}{8}\right)$

$=\frac{17}{40}$　にあたる人数が，148+56=204（人）

だから，生徒全体の人数は，

$204÷\frac{17}{40}=480$（人）

(2)2回目にはね上がった高さは，はじめの高さの，

$\frac{3}{7}×\frac{3}{7}=\frac{9}{49}$　にあたります。これが36cm

だから，はじめの高さは，

$36÷\frac{9}{49}=196$（cm）=1.96（m）

② (1)値上げ前と値上げ後で，2つの商品のねだんの差が変わらないから，値上げ前のねだんの比を A：B=1：2=2：4，値上げ後のねだんの比を A：B=3：5 とし，それぞれの比の差を2にそろえます。このとき，比の 3－2=1 が20円を表すので，商品Aのはじめのねだんは，
20×2=40（円）
(2)姉が妹におはじきをあげる前とあげたあとで，

2人の持っているおはじきの和は変わらないか
ら，あげる前を，姉：妹＝5：2＝10：4，あ
げたあとを，姉：妹＝9：5とし，それぞれ
の比の和を14にそろえます。このとき，比
の 10−9＝1 が 3 個を表すので，はじめに姉
が持っていたおはじきは，3×10＝30（個）

(3)Aさんと B さんの年令の差は，現在も10年
後も変わりません。問題にあたえられた比の差
はどちらも5になっているので，このままの
比で考えることができます。比の 9−7＝2 が
10年を表すので，比の1は5年（才）を表
します。したがって，現在の A さんの年令は，
5×7＝35（才）

❸ (1)仕事全体の量を，40と24の最小公倍数の
120とします。1日あたりにする仕事の量は，
A さんが，120÷40＝3，A さんと B さんの
2人では，120÷24＝5 だから，B さんは1
日に，5−3＝2 の仕事をすることになります。
したがって，B さん1人でしたときにかかる
日数は，120÷2＝60（日）

(2)仮に，A さんが 46 日間仕事をしたとすると，
3×46＝138 の仕事をすることになり，実際
の仕事の量より 18 多くなります。A さんの
代わりに B さんが仕事をすると，1日につき，
3−2＝1 ずつできる仕事の量が減るので，B
さんが仕事をした日数は，18÷1＝18（日）
したがって，A さんが仕事をしたのは，
46−18＝28（日）

❹ 水そういっぱいの水の量を，12と20の最小
公倍数の60とします。1分間に入る水の量は
A 管 が，60÷12＝5，B 管 が，60÷20＝3
です。B 管からは10分間ずっと水が入ってい
るので，3×10＝30 の水が入ります。残りの，
60−30＝30 の水を A 管から入れたことにな
るので，A 管で入れた時間は，30÷5＝6（分）
つまり，故障したのは水を入れ始めてから6
分後です。

❺ 毎分30L くみ上げられるポンプで水をくみ上
げたとき，井戸の水は毎分 30−5＝25（L）
ずつ減っていきます。40分で水がなくなった
のだから，はじめに井戸にたまっていた水は，
25×40＝1000（L）です。したがって，水

がなくなる時間は，
1000÷(45−5)＝25（分）

❻ 1つの窓口が1分間に受け付ける人数を1と
します。窓口3つで20分間に受け付けた人
数は，1×3×20＝60，窓口4つで10分間
に受け付けた人数は，1×4×10＝40 となり，
その差の20が，20−10＝10（分間）に増え
た人数です。したがって，1分間に，
20÷10＝2 の人数が増えていることがわかり，
はじめに並んでいた人数は，
60−2×20＝20 になります。窓口を6つに
すると，1分間に，1×6−2＝4 の人数が減っ
ていくことになるので，行列がなくなるのにか
かる時間は，20÷4＝5（分）

● 26日 52～53ページ
①75　②45　③120　④600　⑤5　⑥30
⑦20
[1] 分速 85m
[2] (1)3600m　(2)90分後
[3] (1)420m　(2)2380m

解き方
[1] 12分後に出会ったということから，2人は1
分間に，1800÷12＝150（m）ずつ近づいて
いったことがわかるので，花子さんの速さを毎
分□mとすると，65＋□＝150 より，
□＝85（m）

[2] (1)10分後に出会ったということは，10分間
に兄と弟が進んだ道のりの合計が湖のまわりの
道1周になったということだから，その道の
りは，(200＋160)×10＝3600（m）

(2)3600m 先を進む弟を追いかけると考えると，
兄が弟に追いつくためには，兄は弟よりも
3600m 多く進む必要があるので，追いつく
のは，3600÷(200−160)＝90（分後）

[3] (1)C さんと A さんが
出会ったときのようす
は右の図のようになり
ます。
ここから3分後に，C
さんと B さんが出会
うので，図のとき，C

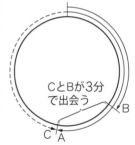

CとBが3分
で出会う

83

さんと B さんがはなれている距離は，
(80+60)×3=420(m)

(2)前の図のとき，A さんと B さんも 420m はなれています。A さんと B さんの間の距離は，1分間につき，90−60=30(m) ずつはなれていくので，420÷30=14 より，前の図は 3人が出発してから 14 分後のようすを表していることがわかります。このとき，C さんと A さんが 14 分後に出会ったことになるので，池のまわりの道のりは，
(90+80)×14=2380(m)

● **27日 54〜55 ページ**
①3600　②20　③160　④960　⑤48　⑥30
⑦10　⑧360　⑨36

1 (1)40 秒　(2)74 秒
2 6 秒
3 (1)秒速 18m　(2)170m　(3)秒速 22m

解き方
1 (1)人の前を，列車の先頭から最後尾までの 600m を進むのにかかる時間を求めます。時速 54km は秒速にすると秒速 15m，だから，
600÷15=40(秒)

(2)急行列車が貨物列車を追いこす速さは，秒速 25−15=10(m) だから，追いこすのにかかる時間は，(600+140)÷10=74(秒)

2 時速 90km は秒速 25m，時速 108km は秒速 30m だから，2 つの列車がすれちがうときの速さは，毎秒 25+30=55(m) になります。したがって，すれちがうのにかかる時間は，
(125+205)÷55=6(秒)

> ◀ チェックポイント ▶　列車と列車がすれちがうのにかかる時間は，
> (列車の長さの和)÷(列車の速さの和)
> 列車が列車を追いこすのにかかる時間は，
> (列車の長さの和)÷(列車の速さの差)

3 (1)トンネル(長さ 1450m)を通りぬけるときと鉄橋(長さ 550m)を通過するときを比べると，進んだ道のりの差は，
1450−550=900(m) で，かかった時間の差は，90−40=50(秒) だから，列車の速さ

は，毎秒 900÷50=18(m)

(2)列車はトンネルを通りぬけるとき，
18×90=1620(m) 進んでいます。これはトンネルの長さ(=1450m)と列車の長さを合わせた長さだから，列車の長さは，
1620−1450=170(m)

(3)すれちがったときの速さを計算すると，毎秒 (150+170)÷8=40(m) になります。これは，2 つの列車の速さの和だから，急行列車の速さは，毎秒 40−18=22(m)

● **28日 56〜57 ページ**
①4　②24　③48　④16　⑤3

1 (1)6km　(2)20 分
2 50 分
3 (1)分速 40m　(2)52.5 分
4 船の静水での速さ…時速 14km
川の流れの速さ…時速 2km
5 (1)時速 3km　(2)3 時間

解き方
1 (1)船が川を上るときの速さは，
毎分 250−50=200(m) です。A 地点から B 地点まで 30 分かかったので，その距離は，
200×30=6000(m)→6km

(2)船が川を下るときの速さは，
毎分 250+50=300(m) です。したがって，かかる時間は，6000÷300=20(分)

2 川を上るときの速さは，
毎分 300−60=240(m)，川を下るときの速さは，毎分 300+60=360(m) だから，上りにかかる時間は，7200÷240=30(分)，下りにかかる時間は，7200÷360=20(分)です。したがって，往復するのにかかる時間は，
30+20=50(分)

3 (1)川を下るときの速さは，
毎分 8400÷60=140(m) ですが，これは，船の静水での速さと川の流れの速さの和です。静水での速さは分速 100m だから，川の流れの速さは，毎分 140−100=40(m)

(2)上るときの速さは，
毎分 100×2−40=160(m) です。したがって，川を上るのにかかる時間は，

8400÷160=52.5（分）

4 船の静水での速さを時速□km，川の流れの速さを時速△kmとすると，

下りの速さは，□＋△＝48÷3＝16（km）

上りの速さは，□－△＝48÷4＝12（km）

となるので，

□＝（16＋12）÷2＝14（km）

△＝（16－12）÷2＝2（km）

5 (1)Aの船が上りに2時間，下りに1時間30分かかったことから，Aの船の静水での速さを時速□km，川の流れの速さを時速△kmとすると，

下りの速さは，□＋△＝36÷1.5＝24（km）

上りの速さは，□－△＝36÷2＝18（km）

とわかるので，川の流れの速さ△は，

△＝（24－18）÷2＝3（km）

(2)Bの船の下りの速さは，

時速 36÷2＝18（km）

これは，静水での速さに川の流れの速さ（＝時速3km）をたしたものです。したがって，Bの船の静水での速さは時速15kmで，上るときの速さは，

時速 15－3＝12（km）

よって，上りにかかる時間は，

36÷12＝3（時間）

● 29日 58〜59ページ

①360　②30　③150　④60　⑤6　⑥0.5

⑦5.5　⑧150　⑨$27\frac{3}{11}$

1 (1)100°　(2)54°

2 $65\frac{5}{11}$ 分間

3 (1)9時$16\frac{4}{11}$分　(2)9時$32\frac{8}{11}$分

(3)9時$13\frac{11}{13}$分

解き方

1 (1)7時ちょうどのとき，長針と短針は210°開いています。これが20分間で，

5.5°×20＝110° 小さくなるので，

210°－110°＝100°

(2)48分間で長針と短針の間の角度は，

5.5°×48＝264° 小さくなりますが，このとき，長針は短針を追いこしているので，角度は，

264°－210°＝54°

2 長針と短針は1分間につき5.5°ずつ小さくなっていくので，7時と8時の間でちょうど長針と短針が重なってから次に長針が短針に重なる時間を求めると，

360÷5.5＝720÷11＝$65\frac{5}{11}$（分）

3 (1)9時ちょうどのとき，長針と短針は大きい方の角で270°開いています。これが90°小さくなって180°になればよいので，

90÷5.5＝180÷11＝$16\frac{4}{11}$（分後）

(2)270°が180°小さくなって90°になればよいので，

180÷5.5＝360÷11＝$32\frac{8}{11}$（分後）

(3)時計の長針と短針が左右対称のとき，次の図のように，長針が動いた角度と短針が動いた角度の和が90°になっています。

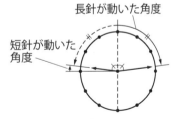

長針が動いた角度
短針が動いた角度

長針と短針が動く角度の和は1分間に，

6°＋0.5＝6.5° だから，長針と短針が左右対称になるのは，

90÷6.5＝180÷13＝$13\frac{11}{13}$（分後）

● 30日 60〜61ページ

① 8時10分

② (1)分速400m　(2)分速240m

③ (1)48秒　(2)10秒

④ 18分

⑤ (1)毎秒1m　(2)6分

⑥ (1)3時$32\frac{8}{11}$分　(2)4時$5\frac{5}{11}$分　(3)44回

解き方

① お母さんが家を出たとき，あやなさんは家から，
60×7=420（m）のところにいました。
お母さんが 420m 先を行くあやなさんに追いつくのにかかる時間は，
420÷(200−60)=3（分）です。お母さんは 8 時 7 分に家を出たので，追いつく時刻は 8 時 10 分になります。

② (1)兄の速さを分速□m，弟の速さを分速△m とすると，2 人が出会ったとき，2 人が合わせて 2400m 進んでいることから，
□×6+△×6=2400，つまり，
(□+△)×6=2400 より，
□+△=2400÷6=400（m）

(2)兄が弟を 1 周追いぬくとき，兄は弟より 2400m 多く進んでいることから，
□×30−△×30=2400，つまり，
(□−△)×30=2400 より，
□−△=2400÷30=80（m）です。よって，
□+△=400，□−△=80 より，
□=(400+80)÷2=240（m）

③ (1)列車が，780+180=960（m）進むのにかかる時間を求めます。時速 72km は秒速 20m だから，かかる時間は，
960÷20=48（秒）

(2)時速 90km は秒速 25m だから，かかる時間は，
(180+270)÷(20+25)=10（秒）

④ 船が川を下るときの速さを計算すると，分速 6300÷14=450（m）となるので，川の流れの速さは，分速 450−400=50（m）
川を上るときの速さは，
分速 400−50=350（m）になります。
したがって，かかる時間は，
6300÷350=18（分）

⑤ (1)動く歩道の長さは，0.6×240=144（m）です。歩道の上を歩くとき，進行方向に歩くと，進む速さは「歩く速さ ＋ 歩道の速さ」になります。歩道の上を歩くと，1 分 30 秒ではしからはしまで行けるので，「歩く速さ ＋ 歩道の速さ」は，毎秒 144÷90=1.6（m）です。歩道の速さが毎秒 0.6m だから，歩く速さは，毎

秒 1.6−0.6=1（m）

(2)歩道の上を歩道の進む方向と反対向きに歩くと，進む速さは「歩く速さ − 歩道の速さ」なので，
毎秒 1−0.6=0.4（m）になります。したがって，かかる時間は，
144÷0.4=360（秒）→6分

> **チェックポイント** 動く歩道のほか，流れるプールやエスカレーターなどの問題は，速さの和や差に着目して考えます。

⑥ (1)3 時ちょうどのとき，長針と短針は 90° 開いています。長針が短針を追いこして，さらに 90° 開けばよいので，長針が短針より 180° 多く動いたときを考えると，
$180÷5.5=360÷11=32\frac{8}{11}$（分後）

(2)さらに，長針が短針より 180° 多く動くのにかかる時間は $32\frac{8}{11}$ 分だから，その時刻は，
$3時32\frac{8}{11}分+32\frac{8}{11}分=4時5\frac{5}{11}分$

(3)長針と短針は $32\frac{8}{11}$ 分ごとに直角になります。
1 日は 24 時間＝1440 分あるから，その回数は，$1440÷32\frac{8}{11}=44$（回）

●中学入試模擬テスト 62 〜 64 ページ

① (1)5　(2)84　(3)21　(4)200　(5)$21\frac{9}{11}$

② (1)6 時間　(2)5 時間 40 分

③ (1)3800 円　(2)7：12

④ (1)12cm　(2)715.92cm³　(3)351.68cm³

⑤ (1)3：1　(2)$8\frac{3}{4}$cm²

⑥ (1)1.8km　(2)4 分間

⑦ (1)3 通り　(2)14 通り

⑧ (1)分速 30m　(2)$6\frac{2}{3}$ 分

解 き 方

① (1)3%の食塩水 300g には食塩が
300×0.03=9（g），8%の食塩水 200g には

食塩が 200×0.08=16(g) ふくまれている
ので, 混ぜた食塩水の濃度は,
(9+16)÷(300+200)=0.05→5%

(2)定価は, 800×1.3=1040(円), 売り値は,
1040×0.85=884(円) だから, 利益は,
884−800=84(円)

(3)一の位が 0 のものが, 4×3=12(通り), 一の
位が 5 のものが, 3×3=9(通り) できるので,
全部で, 12+9=21(通り)

別解 3けたの整数は全部で,
4×4×3=48(通り)
そのうち, 5の倍数でないものは,
3×3×3=27(通り)
したがって, 5の倍数は, 48−27=21(通り)

(4)時速 90km は秒速 25m です。列車は 44 秒
間に, 25×44=1100(m) 進みますが, こ
れは, 列車の長さとトンネルの長さを合わせた
ものなので, 列車の長さは,
1100−900=200(m)

(5)10 時ちょうどのとき, 長針と短針は 60°開い
ています。一直線になるには, さらに 120°開
いて 180°になればよいので,
120÷5.5=21$\frac{9}{11}$(分後)

2 (1)3 時間=180 分, 2 時間=120 分 なので,
仕事の量を 360 とします。1分間にする仕事
の量は, A さん1人で 360÷180=2, A さ
んと B さん2人で 360÷120=3 だから, B
さん1人では 3−2=1 の仕事をすることに
なります。したがって, B さん1人で行うと
かかる時間は,
360÷1=360(分)→6時間

(2)360 の仕事のうち A さんが 20 分で
2×20=40 の仕事をし, 残り 320 の仕事を
B さんがするので, かかる時間は,
20+320÷1=340(分)→5時間40分

3 (1)兄が弟にいくらあげても, 兄と弟の所持金の
和は変わらないので, 2:1 を 38:19,
10:9 を 30:27 とし, それぞれの比の和を
57 にそろえると, 800 円は比の 8 にあたる
ことがわかります。これより, 比の1は 100
円なので, 兄のはじめの所持金は,

100×38=3800(円)

(2)10:9=3000 円:2700 円なので, さらに
900 円あげると,
2100 円:3600 円=7:12

4 (1)PA:PB=AD:BC=6cm:9cm=2:3 だ
から, PA:AB=2:(3−2)=2:1 です。し
たがって, PA=AB×2=8(cm) となり,
PB=8+4=12(cm)

(2)求める立体は, 三角形 PBC を1回転させてで
きる円すいから, 三角形 PAD を1回転させ
てできる円すいをとりのぞいたものだから, 体
積は,
9×9×3.14×12÷3−6×6×3.14×8÷3
=324×3.14−96×3.14=228×3.14
=715.92(cm^3)

(3)求める立体は, 次の図のように円柱と円すいを
合わせた形をしており, 体積は,
4×4×3.14×6+4×4×3.14×3÷3
=96×3.14+16×3.14
=112×3.14=351.68(cm^3)

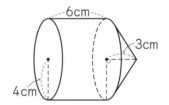

5 (1)DG:GE=AD:FE=6cm:2cm=3:1

(2)色のついた部分＝三角形 DGF ＋三角形 DFC
ですが, DG:GE=3:1 だから, 三角形 DGF
の面積は三角形 DEF の面積の $\frac{3}{4}$ です。
したがって,
2×5÷2×$\frac{3}{4}$＋2×5÷2=8$\frac{3}{4}$(cm^2)

6 (1)分速 60m で歩いて行くときと, 分速
150m で走って行くときとで, かかる時間の
比は速さの比の逆になり,
150:60=5:2
5−2=3 が時間の差の 18 分にあたること
から, 分速 60m で歩いて行くと,
18×$\frac{5}{3}$=30(分), 分速 150m で走って行く

と，$18×\frac{2}{3}=12$（分）かかることになります。

したがって，おばさんの家までの道のりは，
$60×30=1800$（m）$=1.8$（km）

(2)もし，24分間ずっと歩いたとしたら，
$60×24=1440$（m）しか進まないので，実際の道のりとの差は $1800-1440=360$（m）あります。走るのと歩くのとでは，1分間に $150-60=90$（m）の差ができるので，360mの差をうめるのに必要な時間は，
$360÷90=4$（分）

7 (1)以下の3通りです。

1	3	5	6
2	4	7	8

1	3	4	6
2	5	7	8

1	3	4	5
2	6	7	8

(2)1，2，7，8の書き入れ方は(1)のほかに次のア，イ，ウの3パターンがあります。

ア

1			7
2			8

イ

1	2		
		7	8

ウ

1	2		7
			8

他の数字の入れ方は，アは次の2通り。

1	3	4	7
2	5	6	8

1	3	5	7
2	4	6	8

イは次の6通り。

1	2	3	4
5	6	7	8

1	2	4	5
3	6	7	8

1	2	3	5
4	6	7	8

1	2	4	6
3	5	7	8

1	2	3	6
4	5	7	8

1	2	5	6
3	4	7	8

ウは次の3通り。

1	2	3	7
4	5	6	8

1	2	4	7
3	5	6	8

1	2	5	7
3	4	6	8

(1)と合わせて，全部で，$3+2+6+3=14$（通り）

8 (1)流れの方向に泳ぐときの速さは，「泳ぐ速さ＋流れの速さ」で，その速さは，
毎分 $300÷4=75$（m）

流れに逆らって泳ぐときの速さは「泳ぐ速さ－流れの速さ」で，その速さは毎分 $300÷20=15$（m）だから，流れの速さは，
毎分 $(75-15)÷2=30$（m）

(2)泳ぐ速さは毎分 $(75+15)÷2=45$（m）だから，1周するのにかかる時間は，
$300÷45=6\frac{2}{3}$（分）